바이오 사이언스

"이제 100세도 짧다!"

노벨상 수상자의 공동연구자이자
세계적인 생명과학자가 들려주는

BIO SCIENCE

요시모리 다모쓰 지음
오시연 옮김

바 이 오 사 이 언 스

이지북
EZbook

한국의 독자
여러분께

한국의 독자 여러분, 안녕하세요. 오사카대학에서 생명과학 연구를 하고 있는 요시모리라고 합니다. 이 책을 읽어주셔서 정말 감사합니다.

이 책에서 말하고 싶은 것은 아주 간단합니다. 바로 '세포란 무엇인가' 하는 것입니다. 너무 간단한가요? 그러나 이건 단순하면서도 대단한 것입니다. 세포를 알면 '생명'에 대해서도 잘 알 수 있습니다.

병이란 세포라는 아주 작은 단위에 문제가 생긴 것이고, 노화란 세포가 나이를 먹는 것입니다. 세포를 젊게 할 수 있는 연구가 진전된다면 '늙지 않는' 방법을 알 수도 있지 않을까요? 최근 화제가 되고 있는 '게놈 편집' 등의 과학 용어도 세포와 관련된 것입니다.

세포는 생명의 기초입니다. 그러므로 이 책을 다 읽을 무렵, 독자 여러분은 분명 우리 몸에 대해 더 잘 이해할 수 있게 될 것입니다. 예전에는 질병의 치료에도 선택의 여지가 없었기에 일반인들은 과학적 지식을 몰라도 별문제가 없었지만, 현대는 일상생활에도 생명과학이 깊숙이 스며들어 있어 배워두지 않으면 스스로 판단할 수 없습니다. 또 모른다면 잘못된 정보에 속을 수도 있습니다.

저는 40여 년 동안 연구를 해왔습니다. 그런데 최근 몇 년 사이 생명과학의 변화와 발전은 무시무시한 위협을 느낄 정도입니다. 그런 가운데 생명에 대한 지식이 없는 상태에서 의사에게만 자신의 몸을 맡기는 것은 너무나 위험한 일 아닐까요?

또 하나, 이 책에서 제가 강조하고 싶은 것이 있습니다. 바로 '과학적 사고'입니다. 과학적 사고는 과학자에게만 필요한 것이 아닙니다. 모든 사람이 살아가는 데 큰 도움이 됩니다. 더불어 편견, 차별, 전쟁을 없애는 데도 도움이 된다고 생각합니다.

감사하게도 이 책은 일본에서 큰 반향을 일으켰습니다. "학교에서 배운 것을 넘어 최신지식을 얻게 되어 좋았다" "과학을 잘 몰랐는데, 쉽게 이해할 수 있었다" "생명과학을 좋아해 여러 책을 읽었지만 최신의 지식을 이렇게 쉽고 재미있게 알려준 책은 처음이다" 등 독자들의 감상에 저도 크게 감명받았습니다. 한국의 독자들에게도 이 책이 도움이 되었으면 좋겠습니다.

생명과학 분야에서 한국과 일본은 함께하는 연구가 많습니다. 저도 한국 학회에 여러 번 참석했습니다. 또 한국의 연구자와 공동 연구도 많이 하고 있습니다. 한국에서 강연을 했을 때에는 많은 젊은 분들이 질문해주셔서 감격하기도 했습니다. 젊은 세대도 과학에 열정적인, 계속해서 성장하는 나라라고 생각했습니다.

여러 번 한국을 방문하고 교류를 거듭하면서 저는 한국의 자연과 문화, 음식, 그리고 무엇보다 사람들의 따뜻함에 매료되었습니다. 한국은 제가 가장 좋아하는 나라입니다. 제가 열심히 쓴 책을 한국분들이 읽어주신다니, 정말 기쁘고 감개무량합니다.

우리는 크든 작든 매일 많은 판단을 합니다. 저는 제대로 업데이트된 생명과학 지식이 있으면 어제보다 나은 판단을 할 수 있다고 생각합니다. 과학은 그 자체로 도움이 되기도 하지만, 매우 재미있는 것이기도 합니다. 작은 세포 속에는 우주만큼이나 신기한 것이 가득합니다. 이 책 속에서 그 불가사의와 함께 여러 가지 연구의 재미도 전해드리고 싶었습니다.

자, 이제 우리 함께 바이오 사이언스의 세계로 여행을 떠나봅시다!

— 요시모리 다모쓰

"세포는 하나의 우주이다"

건강하게 오래 살고자 하는 생각은 어느 시대를 막론하고 인간, 아니 모든 생명체의 숨길 수 없는 자연스러운 소망일 것이다. 이러한 이슈는 근래 생명과학의 눈부신 발전과 더불어 이제 과학적 근거를 기반으로 활발한 논의를 할 수 있을 정도가 되지 않았나 생각한다.

그중 2016년 노벨생리의학상을 수상한 오토파지, 즉 자가포식 분야는 이러한 장수와 건강 문제에 대한 생명과학 연구의 중요한 한 축을 담당하게 되었다.

과학자로서 내가 오토파지 분야를 처음 접한 계기는 1990년 후반으로 거슬러 올라간다. 아직 나를 포함한 한국 과학자에게 오토파지라는 용어 자체도 생소했던 시기였다. 세포 죽음(Cell Death)과 질병(Disease)을 연구하던 중 우연히 이 분야 연구를 시작하게 되었다.

그리고 지난 20년 가까이 오토파지와 질병 연구에 매진하며 이 분야가 인간(적어도 포유류)의 노화와 장수 이슈를 해결하는 데 기여할 수 있으며 치매 등 난치성 질병도 줄일 수 있다는 연구 결과를 발표할 수 있었다.

오토파지를 연구하면서 이 분야 연구로 노벨상을 수상한 오스미 요시노리(大隅良典) 박사와 그의 제자, 동료 과학자들인 미즈시마 노보루(水島昇) 박사, 이 책의 저자인 요시모리 다모쓰 박사 등과 직·간접적으로 학문적 교류를 이어갈 수 있었다. 요시모리 다모쓰 박사는 우수한 연구 논문을 활발히 발표해왔으며, 특히 오리를 좋아하고 달리기를 즐기는 재미있는 과학자이다.

얼마 전 우연한 계기로 이 책을 접하게 되었다. 저자인 요시모리 다모쓰 박사의 전문 분야인 오토파지뿐만 아니라 생명과학 전반에 대해 일반인들이 궁금해할 만한 다양한 내용들을 에세이 형태로 가볍게, 그러나 가볍지만은 않은 진지한 태도로 풀었다는 것을 발견했다.

오랜 기간 생명과학을 연구하며 그 과정에서 질문하고, 고민하고, 무수히 많은 시행착오를 거치며 얻은 생명과학자로서의 지식과 경험을 알기 쉽게 일반화하려고 노력한 흔적이 곳곳에 보인다.

코로나19, 수명 연장, 치매 등 건강과 생명과학에 대한 관심이 어느 때보다 높은 이 시기에, 많은 사람들에게 자신의 전문 분야인 오토파지를 포함한 생명과학에 대한 지식을 알리고자

한 저자의 노력을 응원하며, 생명과학에 흥미가 있는 독자에게
이 책을 추천하는 바이다.

— **정용근**(서울대 생명과학부 교수)

"코로나19 시대 현대인에게 필수 교양"

현대를 살아가는 데 생물학 지식은 필수다. 2020년의 코로나 19 대유행에서 이 사실은 여실히 드러났다. 면역학과 세포학, 바이러스에 대한 여과되지 않은 주장이 여러 매체에서 쏟아졌고, 현대 생물학의 기본 지식이 부족한 대중들은 무엇이 과학적으로 타당한 것인지를 판별하는 데 어려움을 겪었으며, 이러한 상황은 팬데믹보다 더 무서운 인포데믹(Infordemic)으로 이어졌다.

이러한 상황에서 세포생물학 분야의 저명한 연구자인 요시모리 다모쓰 교수의 이 책은 코로나19 시대의 현대인에게 현대 세포생물학적 지식이 왜 일반인들이 반드시 알아야 할 필수 교양인지를 여실히 보여준다. 요시모리 다모쓰 교수는 2016년 오토파지, 즉 자가포식 연구로 노벨생리의학상을 수상한 오스미 요시노리 교수의 연구팀에서 오토파지 연구를 선도적으로 개척했다.

사실 일반 독자들에게는 '오토파지'나 '자가포식'이라는 단어 자체가 생소할 것이고, 왜 이 연구가 노벨생리의학상을 수상했는지도 이해하지 못할 것이다. 사실 노벨상을 수상한 주제가 왜 그렇게 중요한지도 모르는 경우가 태반이다. 이러한 세태는 그 만큼 한국의 과학 교양서 시장이 현대의 과학 발전의 추세를 제대로 소개하지 못하고 있다는 반증이기도 하다. 그러나 이 책을 읽은 후에는 왜 오토파지 연구에 노벨상이 수여되었는지 이해할 수 있을 것이다.

이 책은 과학 지식뿐만 아니라 '과학적 사고'와 '과학 연구 방법'에 대해 소개하고 있다. 또 생명의 기본 단위로서의 세포와 병, 노화, 오토파지 등에 대해 차분히 설명한다. 사실 일반인들에게도 익숙한 여러 가지 무서운 질병들은 근본적으로 '세포가 잘못되어서 생기는 병'이고, 병의 원인을 이해하기 위해서는 일단 세포가 작동하는 방식을 알아야 한다. 요시모리 교수는 바이러스 질병, 암, 뇌경색 등과 같은 익숙한 질병뿐만 아니라 코로나19와 같은 최신 이슈에 대해서도 꽤 자세하게 다루고 있다. 세포에 대한 이해는 무병장수를 바라는 현대인이 반드시 알아야 할 필수 교양이다. 이 책을 통해 독자들은 병과 세포 간의 관계를 꽤 심도 있게 알 수 있을 것이다.

이 책의 최대 장점 중 하나는 현대 생물학의 복잡한 개념들을 일상생활의 비유를 들어가면서 매우 알아듣기 쉽게 설명한다는 점이다. 나 역시 세포에 대한 교양서를 출간한 경험이 있어 과학적 사실을 알기 쉽게 설명하는 것이 그리 쉬운 일이 아님을 잘 알고 있다. 때문에 이 책에서 요시모리 교수가 능수능란하게 복잡한 개념을 설명하는 것을 보면서 감탄하지 않을 수 없었다.

그리고 저자의 전공 분야인 오토파지와 노화와의 관계를 생생하고 알기 쉽게 설명한다. 또 오토파지를 조절하는 단백질인 '루비콘'을 통해 노화 억제를 유발할 수 있는 약물을 개발할 수 있다는 가능성을 제시한다. 물론 노화와 같이 복잡한 현상을, 하나의 단백질을 이용하여 얼마나 조절할 수 있을지는 두고 봐야 할 일이지만, 어떤 한 분야에서 기초연구를 오랫동안 수행한 연구자가 자신의 연구 결과를 기반으로 미래에 대한 상상을 전개해나가는 것을 보는 것은 매우 즐거운 일이 아닐 수 없다.

어쨌든 이 책은 세포생물학 분야에서 주목할 만한 업적을 낸 현업 연구자가 자신의 연구와 그 배경이 되는 과학 이야기를 일반인을 대상으로 흥미 있게 쓴 책의 좋은 예가 될 것이다. 앞으로도 이 책처럼 연구자가 자신의 연구를 일반인들에게 알기 쉽게 소개하는 책이 더 많이 나왔으면 하는 바람이다.

— **남궁석**(과학 저술가)

차례

2장 세포를 이해하면 생명을 이해할 수 있다

3장 병을 알아보자

4장 세포의 미래인 오토파지를 이해하자

5장 수명을 연장하기 위해 무엇을 하면 좋은가

서문

이 책을 펼친 여러분에게 먼저 감사의 말씀을 드린다. 여러분은 왜 이 책을 골라서 읽고 있는가? 생명과학을 좋아해서? 질병과 장수에 관한 최신 정보를 알고 싶어서? 이과 출신은 아니지만 찬찬히 과학 지식을 알고 싶을 수도 있고, '알아두면 뭔가 쓸모가 있을 것'이라고 생각한 사람도 있을 것이다.

이처럼 이 책을 집어 든 이유는 각자 다르겠지만 이것만큼은 말할 수 있다. 우리 시대, 미래에 생명과학은 필수 교양이라는 점이다.

가령 누군가가 갑자기 병에 걸렸다고 하자. 자신일 수도, 주변 지인의 일일 수도 있다. 그 순간 생명과학에 대한 지식이 있으면 병을 낫게 하기 위한 다양한 선택지 중에서 최선의 선택을 할 수 있다.

그 외에도 '건강하게 오래 살려면 어떤 음식을 먹어야 할까'라는 일상생활 속의 의문이나 '내가 노인이 된 후 병원에서의 약이나 치료는 어떻게 바뀔까' 등의 미래를 생각하는 데에도 생명과학적 교양은 매우 유용하다. 뉴스에서 최근 자주 언급되는 항체, 면역, DNA, 유전자 등의 용어도 생명과학 지식이 바탕이 되면 어렵지 않게 이해할 수 있다.

불과 한 세대 전까지만 해도 생명과학은 의사나 학자 등 특정 분야의 소수만 알면 되는 분야였다. 지금같이 생명과학 기술이 발달하기 전에 사람들은 생사를 눈앞에 두고도 어떤 약을 먹을지, 어떤 치료를 받을지 등에 대해 직접 결정할 수 있는 선택지가 많지 않았다.

오랫동안 인류에게 신비한 수수께끼로 남았던 생명현상은 광학기기와 정보처리 기술을 이용한 정밀 연구의 발달로 그 원리와 이유가 속속들이 밝혀지고 있다. 그러면서 의료와 식품 같은 일상생활에도 연구 결과가 적용되는 일이 늘어났다.

과학은 해일이 일듯 맹렬한 기세로 우리 생활에 몰아치고 있다. 우리가 도저히 무시할 수 없는 양이다. 다시 말해 선택지가 너무 많아졌다. 이런 상황에서 생명과학에 대한 기초지식이 있는 사람은 어떤 사안을 놓고 스스로 판단하고 선택할 수 있다.

병에 걸렸을 때만 과학적인 선택이 필요한 것은 아니다. 내가 먹을 식품을 고르거나 몸에 좋다는 신상품이 나왔거나 건강에 관한 뉴스를 볼 때 등 우리는 일상생활 속에서 과학적인 선택을 해야 하는 경우와 수없이 마주친다. 그럴 때 과학을 올바르게 해석하는 능력은 최강의 무기가 된다. 이 책은 그 능력을 키우는 데 주안점을 두었다.

자, 자기소개가 늦어졌다. 나는 오사카대학 대학원 생명기능 연구과와 의학계연구과 교수를 겸임한 요시모리 다모쓰(吉森保)라고 한다. 전문분야는 세포생물학이며 특히 세포 내의 현상인 오토파지(Autophagy), 즉 자가포식을 주로 연구한다.

내 스승이신 오스미 요시노리 교수가 2016년 노벨생리의학상을 받았다는 기사를 보고 처음으로 오토파지라는 말을 들어본 사람도 있을 것이다.

오토파지는 오스미 교수가 20년 전부터 개척한 연구 분야로, 나는 당시 오스미 교수의 연구팀에서 오토파지에 관해 연구하기 시작했다. 독립한 뒤에도 그 분야의 연구를 계속하여 지금은 포유류의 오토파지 분야에서 세계적으로도 어느 정도 알려진 존재가 되었다.

여러분 중에 노벨생리의학상은 어떤 연구를 대상으로 주는 상인지 아는 사람이 있을까? 노벨생리의학상의 선정 기준은 명확하지 않으며 상당히 다양하다. 역대 수상 연구 내용을 보면, 중요한 과학적 의문을 규명하여 인류의 미래에 자산이 될 만한 연구, 즉 질병을 예방하거나 치료 및 건강 유지에 기여하는 연구 내용에 이 상을 줬다.

오토파지를 간단히 말하자면 세포를 '자신의 힘으로 새롭게 하는 기능'이다. 우리 몸은 세포가 모여서 형성되며 모든 병은 몸 어딘가의 세포 상태가 악화되어 생긴다.

오스미 교수가 오토파지의 기본적인 원리를 규명하고 연구를 계속하자 오토파지는 다양한 질병으로부터 세포를 지키는 신비한 메커니즘임이 속속 드러났다. 이것이 노벨상을 수여한 결정적인 이유였을 것이다.

지금 오토파지는 암이나 알츠하이머병, 파킨슨병, 지방간이나 심부전 등 여러 다양한 병을 치유할 수 있을 것이라는 기대감에 전 세계 제약사가 뜨거운 눈빛으로 지켜보는 분야이기도 하다.

생명의 기본은 세포다. 다시 말해 세포를 이해할 수 있으면 인간의 몸과 유전자, 질병, 이것들의 미래까지 이해할 수 있다. 이 책에서는 먼저 세포의 구조와 원리부터 찬찬히 살펴볼 것이다. 그것이 생명과학의 기초이기 때문이다. 세포를 이해하면 생명의 원리를 얼추 알 수 있다.

그런 뒤 질병에 관해 살펴볼 것이다. 세포를 이해하면 질병도 어렵지 않게 이해할 수 있다. 그렇게 되면 꼭 이 책에서 다루지 않았더라도, 다른 질병을 어느 정도 이해할 수 있을 것이다.

다음은 세포의 중요한 기능인 오토파지를 살펴본다. 생명과학의 다양한 분야 중에서도 지금 가장 사람들의 관심을 끄는 오토파지를 이해함으로써 세포와 질병에 대한 연구의 최전선을 간접적으로 경험하고 이해할 수 있다. 마지막으로 건강한 삶을 살 수 있게 하는 식품 등 실용적 측면에서의 연구 결과도 다룰 것이다.

다시 말해 이 책은 세포의 기초부터 최신 정보에 이르기까지 세포의 모든 것을 다루었다. 심지어 학교 교과서에는 아예 나오지 않은 내용도 꽤 있다. 그러나 실은 그 내용이 가장 중요한 것일 수도 있다. 이 책은 보통은 건너뛰고 지나가는 부분도 필요하다면 하나씩 곱씹어가며 설명한다. 그래서 책의 마지막 장을 넘길 때쯤에는 작디작은 세포를 이해함으로써 자신의 시야가 훨씬 넓어졌음을 알게 될 것이다.

또 하나 이 책은 '과학적 사고'를 키우는 데도 중점을 두었다. 과학자는 연구할 때 어떻게 사고하는지에 대해 1장에서 상세하게 다룬다.

과학적 사고는 비단 과학자만을 위한 특수한 방식이 아니다. 합리적이고 논리적인 사고방식을 말하며 누구나 할 수 있다. 과학적 사고를 하면 이 세상에 있는 가짜 과학이나 엉터리 수치에 넘어가지 않는다. 그뿐 아니라 내 앞에 펼쳐진 수많은 과학적 정보를 앞에 두고 나중에 후회하지 않을 판단을 할 수 있다.

아마 생명과학에 관한 지식 자체보다 과학적 사고가 우리의 삶에 더 강력한 무기가 될지도 모른다. 그리고 세포에 관한 이야기도 더 빨리 이해할 수 있을 것이다.

이 책에는 공식이나 화학반응식이 전혀 나오지 않는다. 전문

용어도 될 수 있으면 최소한으로 사용하려고 했다. 어려운 단어를 외우려 할 필요도 없다.

현상 자체보다는 그 뒤에 존재하는 원리를 이해하는 것이 중요하다. 왜 그런 일이 일어났는지 생각하는 힘을 키우는 것을 의식하면서 이 책을 썼다. 여러분도 그 점을 의식하며 읽어보길 바란다.

자, 그러면 나와 함께 생명과학을 탐구해보자!

1장

과학적 사고를
익힌다

과학적 사고는
이 시대의 필수 소양이다

이 책은 생명과학의 기본부터 최신 지식까지 설명한 책이다. 생명과학을 살펴보기 전에 이 장에서는 과학이라는 것을 생각할 때 모든 것의 기본이 되는 '과학적 사고'가 무엇인지 알아보겠다.

곧바로 생명과학 이야기부터 읽는 사람도 있겠지만 연구자가 어떤 식으로 사물을 생각하는지 먼저 알아두면 생명과학을 훨씬 쉽게 이해할 수 있다.

그리고 자신이 어떤 행동을 할 때 정확한 판단기준을 세울 수 있게 된다. 쉽게 말하자면 수치에 현혹되거나 신빙성 없는 정보에 넘어가지 않는다. 그러니 꼭 이 편리한 과학적 사고를 내 것으로 만들자.

그저 편리해서 권하는 것은 아니다. 여기서 잠시 과학적 사고를 할 수 있으면 왜 좋은지 구체적으로 살펴보자.

감염병과의 전쟁은
인류의 숙명

이 책의 주제인 생명과학은 질병을 이해할 때도 무척 중요한 학문이다. 인류의 적은 무엇일까? 현재 인류를 멸망시킬 만한 천적은 존재하지 않는다. 식량난도 지구 규모에서 아직 심각한 수준은 아니다. 예나 지금이나 인류 최대의 적은 질병이다. 인류가 지금 생존하는 것은 의학, 넓은 의미에서 생명과학 덕분이다.

1928년, 알렉산더 플레밍 박사(Alexander Fleming, 1881~1955)는 항생물질을 발견했다. 그러나 항생물질이 널리 보급된 것은 그로부터 10년 뒤인 제2차 세계대전 때였다. 그 전에는 한번 감염병이 돌면 많은 이가 연이어 사망했다. 사람들은 세균이라는 무서운 존재에 언제 습격당할지 몰라 두려워했다. 고작 80년 전 일이다.

1980년에는 WHO(세계보건기구)가 천연두를 박멸했다고 선언했다. 천연두는 역사 교과서에도 나오는 병이므로 알고 있는 사람이 꽤 될 것이다. 전염력이 대단히 강하며 죽음에 이르는 역병으로 기원전부터 존재했다. 인간은 그 병과 줄곧 싸워왔고 불과 40년 전에야 근절할 수 있었다. 프랑스 국왕 루이 15세도, 고메이 천황(孝明天皇, 19세기 일본의 121대 천황 — 옮긴이)도 천연두로 죽었다는 기록이 남아 있다.

천연두 박멸은 인류 역사상 최초로 바이러스를 근절한 사례다. 천연두가 박멸된 1980년 당시, 사람들은 이제 모든 감염병은 과거로 사라질 거라고들 했다. 세균에서 항생물질을 발견했고 천연두 같은 바이러스성 질병을 없앴으니 인류는 이제 모든 감염병을 극복할 수 있다고 착각한 것이다. 그러나 신형 코로나바이러스의 경우만 봐도, 이것은 인류의 오만하기 짝이 없는 착각이었다. 인류의 오래된 적인 질병, 그리고 질병에 시달린 수천 년 역사에 비하면, 수많은 감염병 중 극복한 것은 하나에 불과하며 그조차도 극복한 역사는 이렇게나 미미하고 짧다.

인류는 감염병과의 전쟁에서 꽤 열심히 싸우고 있다. 다만 이기진 못했다. 1976년에 아프리카에서 처음 발생한 에볼라 출혈열은 지금도 백신이나 치료제가 나오지 않았다. WHO에 따르면 에볼라 출혈열의 치사율은 평균 50% 전후라고 한다.

과학적 사고가
우리의 몸을 지켜준다

2020년, 세계는 신형 코로나 바이러스에 대한 공포에 빠졌다. 이 책을 읽는 여러분들도 힘들겠지만, 전문가들도 힘들다. 바이러스 전문가조차 어찌할 바를 모르는 것이 현실이다.

게다가 교통수단이 발달하기 전인 옛날과 달리 사람들의 행동반경은 상상할 수 없이 커졌다. 국경을 넘나드는 것이 어렵지 않은 시대 특성상, 순식간에 바이러스가 전 세계로 퍼졌다. 이제 병은 전문가에게 맡기면 된다고만 생각하면 죽을 수도 있다. 전문가도 일반인도 모르는 병이 순식간에 우리 모두에게 죽음의 위협으로 닥치기 때문이다.

전문가라고 해서 모든 것을 알지는 못한다. 전문가는 자신의 전문 영역을 아주 잘 알고 있지만 반대로 그것밖에 보지 않는 성향이 강하다.

여러분도 신형 코로나 바이러스 대유행에 관해 전문가들의 의견을 보고 들으며 느꼈을 것이다. 바이러스 전문가는 바이러스에 관해, 경제 전문가는 경제에 관해 정보를 제공할 뿐 전체적인 면을 보면서 말하지 않는다. 결국, 불확실한 상황일 때는 스스로 생각할 수밖에 없다. 그럴 때 과학적 사고를 익혀두면 대단히 도움이 된다.

과학적인 정보를 선별할 수 있으면
생존 가능성이 커진다

사실, 스스로 전문가라고 칭하는 사람 중에는 어딘지 모르게 수상쩍은 사람도 있다. 그런 사람을 만났을 때 과학적 사고를 할 수 있는 사람은 그 사람이 진짜인지 가짜인지 간파할 수 있다.

옛날에는 미지의 바이러스가 유행하면 한차례 폭풍이 지나갈 때까지 수많은 사람이 죽는 수밖에 없었다. 그러나 의학이 발달한 지금은 정보를 잘 선별할 수 있으면 위기를 극복할 가능성이 크다.

미지의 바이러스뿐만이 아니다. 우리는 살면서 스스로 생각하고 선택해야 하는 국면과 계속 마주친다. 과학은 다양한 분야에서 무서운 기세로 우리 생활에 침투하고 있기 때문이다.

예를 들어 '게놈 편집 기술'은 건강에서 식생활에 이르는 모든 것을 백팔십도 바꿔버릴 수 있는 기술이다. 미국과 프랑스 출신 여성 연구자 두 명이 이 기술을 개발한 공적을 인정받아 2020년 노벨 화학상을 수상했으므로 기억하는 사람들이 많을 것이다.

약이 되기도 독이 되기도 하는
현대 과학

게놈 편집 기술은 간단히 말하자면 진화한 유전자 조작을 말한다. 이 혁명적인 기술 덕분에 연구실에서 아주 쉽게, 그리고 단시간에 유전자 조작을 할 수 있게 되었다.

이 유전자 조작 기술이 있으면 새로운 생물이나 인간을 쉽게 만들 수 있다. 한 나라, 아니 세계를 전멸시킬 생물병기도 만들 수 있고, 그 병기를 개발할 세기의 천재도, 누가 봐도 아름다운 미남 미녀도 이 기술이 있으면 만들 수 있다. 실제로 이 기술로 유전자를 조작해 인간을 만든 중국인 연구자가 체포되기도 했다.

모기가 태어나지 못하게 하는 실험도 있었다. 말라리아와 뎅기열병 등 모기가 옮기는 질병을 해결하기 위해서였다. 먼저 인공적으로 만든 수컷 모기를 자연에 방사한다. 그 수컷 모기가 암컷과 교배해서 생겨난 유충은 아버지 모기의 유전자 조작으로 인해 생식기능을 갖기 전에 죽어버린다. 이 실험은 아직 성공하지 못했지만 다른 종의 대를 끊어버릴 수 있는 기술이다.

하지만 이제까지 해결하지 못한 문제를 해결할 수 있는 놀라운 기술이기도 하다. 즉, 게놈 편집 기술은 사용방식에 따라 약이 될 수도, 독이 될 수도 있다.

이런 점을 얼마나 많은 사람이 알고 있을까? 자신이 위기에 처하거나 세상이 어그러질 수도 있는데도 그 점을 알 기회가 별로 없다.

지금까지는 새가 하늘을 날 수 있는 이유를 알지 못해도 우리 생활에는 아무런 지장이 없었다. 그러나 현대의 유전자 조작 기술은 우리 생활을 밑바닥부터 바꿔놓을 가능성을 갖고 있다. 세상에 나온 기술에 대해 장단점을 판단하는 것도 사회에 참여하는 한 방법이 아닐까?

유전자 변형 표시가 있는 식품은
사지 말아야 할까?

유전자 조작이나 변형을 하는 것 자체가 잘못되었다는 목소리도 들린다. 실제로 현시점에서 그런 의견은 적지 않다. 자연의 섭리를 거스른다, 인공적으로 만든 것은 좋지 않다는 생각은 특히 일본에서 강한 편이다.

그런데 이런 의견은 유전자 조작뿐 아니라 새로운 과학기술이 등장했을 때마다 나왔다. 전기도 텔레비전도 휴대전화도 지금의 이 세상을 풍요롭게 해주었고, 우리는 그것을 누리고 있다. 이미 세상에 나온 과학기술은 싫건 좋건 우리 생활 속에 스며든다.

그렇다고 해서 반대 의견이 틀린 것은 아니다. 예를 들어 마트에 가면 '유전자 변형 식품이 아니라는' 표시가 붙은 식품이 있다. 여러분은 이 표시를 눈여겨보는가?

유전자 변형은 어려운 기술이 아니므로 마음만 먹으면 얼마든지 가능하다.

그런데 그중에 위험한 성분이 있는지 없는지는 확인할 시간이 없다. 검증할 시간이 없기 때문이다. 이를테면 유전자 변형과 유사한 것으로 '작물 품종 개량'이 있다. 이것은 오랜 시간을 들여 자연계에서 일어나는 세대교체를 좀 더 앞당긴 것뿐이다. 그러므로 안전하다. 하지만 현대의 유전자 변형 기술은 그 과정을 너무 빨리 단축했으므로 '안전할 수도 있고 그렇지 않을 수도 있다.'

여러분은 그 점을 이해한 상태에서 마트에서 그 상품을 사고 있는가?

여기에 정답은 없다. 전문가도 답을 갖고 있지 않다. 오히려 그들은 '안전하다'고 하기도 하고 '안전하지 않다'고 하기도 한다. 그들 나름의 생각이 있기 때문이다. 그럴 때 뭐가 뭔지 모르면서 그 상품을 사기보다는 자신이 생각하고 그 생각에 책임을 지고 판단하는 자세가 필요하다.

이 책을 읽을 때도 중간중간 멈춰 서서 그 점을 의식하도록 하자. 나도 여러분에게 질문을 던지겠다. 과학이 일상 곳곳에 스며드는 이 시대에는 스스로 생각하고 판단하는 능력이 큰 도움이 될 것이다.

과학적 사고에
암기와 공식은 필요 없다

과학적 사고라고 하면 어떤 느낌이 드는가? 복잡한 공식을 대입해서 계산하거나 수십 개나 되는 규칙을 달달 외우는 모습을 연상하는 사람도 있을 것이다.

그러나 사실 과학적 사고에 암기는 별로 중요하지 않다. 지식은 책이나 인터넷에서 찾아보면 충분하다. 보통 사람이 모르는 (아무래도 좋은) 퀴즈의 답을 많이 알고 있으면 '머리가 좋다'는 평가를 받겠지만 과학적 사고와 지식의 양은 아무 상관이 없다.

공식도 마찬가지다. 전문가도 아닌데 복잡한 공식을 외울 필요가 없다. 계산은 컴퓨터에 맡기자. 그 공식이 왜, 어떻게 해서 생겨났는지가 중요하다. 과학은 결과적으로 방대한 지식을 낳지만, 그것이 형성된 경위와 사고방식이 훨씬 더 중요하다. 입시 위주의 교육을 하는 이 시대에는, 과학의 결과는 산더미처럼 가르쳐주지만 그것들을 발견하게 된 과학적 사고방식에 관해서는 전혀 가르쳐주지 않는다.

공식도 그렇지만 그런 사고를 하는 기초가 되는 것이 논리적으로 생각하는 자세다. 그것을 우리는 과학적 사고라고 부른다.

사람들은 평소 자신을 논리적이라고 생각한다. 그러나 아무리 이성적이라고 자부해도 인간은 감정으로 판단하는 일이 적지 않다.

알기 쉬운 예를 들어보자. 일본에는 몇 년 간격으로 해일이 밀려오는 자연재해가 일어난다. 그런데 한 노인이, '지금껏 해일이 온 적이 여러 번 있었지만 무사히 지나갔기 때문에' 피난하지 않고 집에 있다가 죽는 비극적인 사건이 벌어졌다.

인간의 힘으로 막을 수 없는 자연재해는 보통 인간의 수명보다 훨씬 긴 간격을 두고 일어난다. 예를 들어 200년에 한 번, 1,000년에 한 번 일어나는 재해는 보통 사람이 아무리 오래 살아도 경험할 수 없다. 그런 점만 보아도 자신의 '지금까지의 경험'이라는 사실만을 근거로 생각하는 것은 과학적 사고라고 할 수 없다.

콜레라가 대유행했던 옛날, 사람들은 그 사람의 인격이 훌륭하지 못해서, 또는 신분이 비천해서 병에 걸린다고 인식했다. 개개인이 논리적으로 생각할 줄 알면 그렇게 세상에 만연한 편견과 차별, 전쟁도 막을 수 있다. 따라서 과학적 사고를 익히면 평화로운 세상을 이룰 수 있다는 가정도 가능하지 않을까?

과학은 진실에
한없이 가까워지는 것

나는 지금까지 과학적, 과학적이라는 말을 계속 반복했다. 그런데 과학이란 대체 뭘까? 한마디로 뭐라고 할 수 있을까?

나는 종종 대학의 첫 수업에서 학생들에게 과학이란 무엇이냐는 질문을 던진다. 그러면 대체로 이런 대답이 나온다.

- 무엇이 옳은지 규명하는 것
- 진리를 분명히 드러내는 것

이런 대답이 틀리진 않았지만, 정답이라고 할 수도 없다. 과학에는 대전제가 있기 때문이다. 진리 또는 올바름을 아무리 추구해도 정말로 그것이 옳은지 그른지는 결코 알 수 없다는 것이다.

이게 무슨 말이냐고 고개를 갸웃하는 사람도 있을 것이다. 유명한 만유인력의 법칙을 생각해보자. 이 법칙을 아주 간단히 말하자면 '모든 물질에는 인력이 작동한다'는 법칙이다. 그러나 이것도 '거의 확실한' 법칙이지 절대적으로 확신할 수는 없는 법칙이다. 교과서에서는 진리인 양 나오지만 정확하게 말하자면 '진리 같은 가설'이다. 과학의 발견은 모두 이런 식이다.

가슴을 펴고 '이게 진실이다!'라고 단언하는 것은 신만이 할 수 있다. 진리는 신밖에 모르는 영역이다. 무엇이 옳고 무엇이 진리인지 인간은 온전히 증명할 수 없다.

그렇다면 '과학이 무슨 의미가 있냐'고 따지는 소리가 들려온다. 하지만 걱정하지 말자. 진리에 도달하지 못해도 진리에 한 없이 가까이 갈 수는 있다. 그것이 바로 과학의 사명이다. 즉, 과학은 가설(이론)을 점점 발전시켜 진실에 다가가는 것이다.

연구자는 날마다 좀 더 뛰어난 가설을 세우려 노력한다. 그러기 위해 무엇을 할까? 바로 가설 검증이다. 가설을 세우고, 검증해서 그 가설을 부수고, 다시 새로운 가설을 세워서 검증하는 것이 과학이다.

참고로 100퍼센트 진실에는 도달하지 못하지만 '진실에 가까이 갔음'을 알아차릴 수는 있다. 진실에 가까워지면 그 가설을 이용해 여러 현상을 설명하거나 예측할 수 있기 때문이다. 그것을 가능하게 하는 것이 진실에 다가가는 좋은 가설이다. 우리 삶에 도움이 되는 과학과 연구는 이런 가설에서 도출된다.

가설과 검증이
과학의 기본

앞서 나는 진리에 가까운 좋은 가설이란 그로부터 다양한 예측을 도출하는 가설이라고 했다. 그로써 여러 가지 현상을 설명할 수도 있다. 다시 말해 좋은 가설은 다양한 면에서 응용할 수 있는 생각이다.

그러면 과학자는 실제로 어떻게 가설을 세울까? 역사에 기록된 일을 예로 들어 살펴보자. 19세기, 아직 세균이 뭔지도 몰랐던 시대의 이야기다. 당시 영국에서는 주기적으로 콜레라가 대유행하며 사람들을 공포에 떨게 했다.

지금은 콜레라가 콜레라균 때문에 발생한다는 사실을 알고 있지만, 그때는 병의 원인이 공기에 떠다니는 심한 습기와 더위라고 생각했다.

그런데 19세기 중반, 존 스노우(John Snow, 1813~1858)라는 의학자가 콜레라의 원인이 습기와 더위라는 가설에 의문을 품기 시작했다. 같은 집에서 같은 공기를 들이마시는데 누구는 콜레라에 걸리고 누구는 걸리지 않는다는 게 이상하다고 생각했던 것이다.

스노우는 특히 등을 맞대고 있는 두 건물 중 한 곳에서 다른 한쪽의 열 배나 되는 희생자가 생기는 상황을 보고 의문을 가지기 시작했다. 이 두 건물은 비슷한 구조로 되어 있고 위생 상태도 거의 같았는데 병자의 수는 많이 차이가 났던 것이다. 유일하게 다른 것을 살펴보니, 건물 내 음용수의 수원(水原)이었다. 이를 살펴본 스노우는 혹시나 음용수에 의해 콜레라가 퍼지는 게 아닐까 하는 의심을 가졌다.

그는 그 뒤 런던시의 통계를 뒤져서 그 건물이 이용하는 수도회사(즉, 어디가 수원인가)를 조사했고, 수도회사에 따라 콜레라에 걸린 사람 수가 엄청나게 차이가 난다는 사실을 발견했다.

그래서 '콜레라는 악취가 아닌 오염된 물을 마셔서 퍼지는 게 아닐까'라는 가설을 세우게 되었다. 스노우는 이 조사 결과를 논문으로 정리했지만, 그에 대한 평가는 별로 좋지 못했다. '그 지역에 습기와 더위가 가득한 게 문제 아니냐'는 반론이 나왔다. 물이 원인이라고 단정할 수 없다는 지적이 이어졌다.

그러나 그런 지적을 수긍하지 못한 스노우는 자신의 가설을 꾸준히 검증하기 시작했다. 얼마 후 런던의 한 구역에서 콜레라 환자가 대량 발생한 사건은 그의 가설이 옳았다는 것을 증명해 주었다.

스노우는 기존 통계를 참조하며, 주민들을 상대로 구체적인 상황을 조사했다. 그러자 특정 우물 주위에서만 사망자가 집중적으로 발생했다는 것을 알 수 있었다.

다만 그게 다였다면 지난번처럼 그 우물 주변에만 더위와 습기가 강했을 거라는 반박을 받았을 것이었다. 스노우는 우물에서 떨어진 곳에 살지만 병에 걸린 사람들을 조사했다. 그들은 우물 주변에 있는 학교에 다니는 아이거나 우물 주변의 음식점을 이용한 손님이었다.

여기에 또 한 가지 발견된 사실은 우물 가까이 있는 맥주 공장의 종업원 중에는 콜레라에 걸려 고생한 사람이 없었다는 것이었다. 그들은 목이 마르면 우물물이 아니라 맥주를 마셨기 때문이다. 이것은 더위와 습기가 병의 원인이라면 설명할 수 없는 현상이다.

가설에서 도출한 예상이 검증되었으므로 콜레라의 원인이 물에 있다는 그의 가설은 더욱 견고해졌다. 스노우는 당국을 설득해 그 우물 펌프의 손잡이를 제거해 사용하지 못하게 했다. 이것이 효과가 있었는지 아니면 이미 한차례 유행이 지나고 수습된 것인지는 확실하지 않지만, 그 뒤 콜레라는 사그라들었다.

가설을 세우고 그 결과를 예상한다. 그리고 그것을 실험과 관찰을 통해 검증한다. 그 예상이 맞으면 가설의 확실성이 높아진다. 이것이 과학적 사고 기법 중 하나다.

세균이라는 눈에 보이지 않는 존재를 확인할 수단이 없던 시절, 스노우는 이런 가설을 생각해냈다. 세균의 존재를 모르는데도 세균에 대한 가설을 세울 수 있었던 것이다. 이것이 과학의 놀라운 효능이다.

그 뒤 음용수의 위생 상태를 유지할 수 있게 되자 콜레라 유행이 감소했고 시간이 흐르면서 콜레라의 원인이 음용수에 들어갈 수 있는 세균이라는 것이 밝혀졌다. 이것은 스노우의 가설로 얻을 수 있었던 예상이었으며, 그의 가설은 진실에 근접한 뛰어난 가설임이 확인되었다. 그후 1854년 파치니(Filippo Pacini, 1812~1883)가 콜레라균을 발견했지만, 당시는 세균이 병원균이라는 것이 증명되지 않아 그의 논문은 빛을 보지 못했다. 코흐(Robert Koch, 1843~1910)가 콜레라균이 콜레라의 원인임을 밝혀낸 것은 스노우가 조사한 때보다 30년이나 흐른 뒤인 1885년이었다.

단정적인 사람은

비과학적이다

코로나 바이러스 감염증19(COVID-19, 이하 코로나19)로 전 세계가 발칵 뒤집히자 텔레비전에는 '어떻게 해야 코로나19로부터 안전할 수 있을까', '확진자 수가 몇 명으로 줄어야 안심할 수 있는가'라고 전문가에게 묻는 장면이 연일 나왔다. 몇 년 전 후쿠시마 제1원자력발전소 사고가 터졌을 때는 방사선량이 어느 정도면 안전한지 하루가 멀다 하고 보도되었다.

과학은, 진리라고 말할 수 없는 어떤 진실에 도달하지 못하는 이상 어떤 질문에 딱 부러지게 답변하기 어렵다. '이 가설을 기준으로 생각하면 이렇게 말할 수 있습니다'라고 할 수밖에 없다. 그런 전제도 없이 단언하는 '전문가'는 오히려 수상하다고 판단해야 한다.

특히 코로나19처럼 바이러스 감염 확대 속도가 너무 빨라서 과학이 그 진실의 속도를 따라가지 못할 때는 '진리에 가까운 가설'조차 세우기 어렵다. 안타깝게도 과학적인 사고를 하는 사람일수록 단언하지 못하는 것이 당연하다.

과학은 가설을 세우고는 그 가설을 부수고 다른 가설을 세운다. 그리고 또 그 가설을 부수면서 끝없이 '진리에 가까이 가는' 과정이다.

코로나19 사태는 가설을 세우고 검증해서 새로운 가설을 세울 시간이 턱없이 부족하다. 그래서 코로나19에 관한 여러 가지 설이 존재하지만 전부 가설에 불과하다. 앞으로 그 모든 가설을 제대로 검증해야 한다. 그러나 현재 이에 대한 검증 시간이 턱없이 부족하기 때문에 코로나19에 대한 과학적인 대책을 세우기 힘들다.

이렇게 한시가 급한 상황에선 불완전한 가설이라도 사용해야 한다. 다만 중요한 것은 이때 주장되는 가설이 검증이 불충분한 가설임을 명확히 인식하고 있어야 한다는 점이다.

여러분이 보기에는 답답하리만큼 느리겠지만 과학에 종사하는 사람이 보기에는 이번 코로나19는 엄청난 속도로 연구가 진행되고 있다.

일반적으로 백신 개발을 하려면 10년 이상 걸리는 일이 다반사다. 많은 사람에게 접종해야 하므로 백신의 부작용을 감안해 수천수만 번의 실험을 하기 때문이다. 그러나 코로나 바이러스는 이 과정을 대단히 빨리 진행하고 있다.

바이러스는 확산되고 있지만, 데이터가 제대로 갖추어지지 않은 상황이므로 지금은 아무리 천재적인 전문가라도 불완전한 가설밖에 세울 수 없다. 여러분이 지금 보고 있는 것은 가설을 다듬고 있는 중간 단계다. 그래도 많은 사람이 가설을 세움으로써 데이터가 늘어나고 더 좋은 가설로 발전하고 있다. 이 과정을 반드시 머릿속에 넣어두자. 이런 과정을 알아두면 코로나19와 같은 미지의 바이러스가 앞으로 또 나타나도 검증되지 않은 말에 휘둘리지 않을 것이다.

8년 동안

완두콩의 주름을 세었던 멘델

세상에는 '이렇게 훌륭할 수가!'라고 놀랄 만한 가설들이 있다. 생명과학 분야에서 내가 가장 뛰어나다고 생각하는 것은 '멘델의 법칙'이다. 지금은 멘델의 법칙을 모르는 사람이 없지만 그 가설은 그가 세상을 떠난 뒤에야 유명해졌다.

그가 살았던 19세기에는 유전이라는 것이 존재한다는 것을 대부분의 사람들이 짐작하고 있었다. 자식이 부모를 닮는 것을 보면, 무언가가 윗세대에서 아랫세대로 전달된다는 것이 분명했다. 그러나 그 요인이 무엇인지, 즉 부모와 자식 간의 '닮음'을 결정하는 것이 '유전자'라는 것은 알지 못했다.

멘델(Gregor Johann Mendel, 1822~1884)은 1822년, 체코슬로바키아의 가난한 농부의 아들로 태어나 성직자가 되었다. 멘델은 수도원 마당에서 농작물을 개량하고 관리하는 일을 했는데, 열심히 하는 모습을 원장에게 인정받아 청강생 신분으로 빈 대학에 유학을 갔다. 그곳에서 공부한 물리학 수업에서 힌트를 받아 어떤 가설을 생각해냈다. '원자를 조합해서 물질이 생기듯이 생물도 원소(Element)를 갖고 있고 그 조합에 따라 성질이 결정되는 것이 아닐까?'라는 내용이었다.

그는 자신의 가설을 확인하기 위해 수도원에 돌아가 8년 동안 완두를 기르며 실험했다. 이 원소는 나중에 실재한다는 것이 밝혀져 '유전자'라는 이름이 붙었다. 1865년, 멘델은 그 내용을 발표했지만 아무도 관심을 보이지 않았다. 유전자라는 관점에서 이 법칙이 주목받은 것은 멘델이 연구를 발표한 지 30년 이상이 지나서였다. 그가 세상을 뜬 뒤에야 인정받은 것이다. 그리고 그의 가설을 기반으로 지금의 유전자 연구가 시작되었다.

멘델이 예상한 유전자는 20세기 중반에 드디어 실재한다는 것이 증명되었다. 유전자는 콩의 색깔과 형태뿐 아니라 생물에 일어나는 여러 가지 일을 설명할 수 있다. 예측도 할 수 있다. 즉, 다양한 일을 설명하고 예상할 수 있는 위대한 가설이다.

위대한 가설은 이처럼 사람의 눈에 보이지 않는 것을 감지하고 이해할 수 있게 한다. 물리학의 소립자와 블랙홀도 그렇다. 블랙홀도 2019년에 촬영되기까지는 아무도 실제로 확인한 사람이 없었다.

과학은 가설을 차곡차곡 얹어가며 우리가 느끼는 세상을 몇천 배 몇만 배, 아니 무한대로 넓힌다. 우리는 과학의 눈으로 모래처럼 작은 세계도 무한대로 넓은 세계로 확장하여 바라볼 수 있다.

과학은
추리소설과 비슷하다

여러분은 이제 과학이 가설을 세우고 다듬어서 진리에 가까이 가는 과정임을 알게 되었다.

'과학적 사고가 뭔지는 알겠는데 유전자를 발견할 정도로 관심이 있는 건 아니야.'

'어떻게 8년 동안이나 완두콩을 관찰할 수 있었을까?'

이렇게 생각할 수도 있다. 과학자인 나도 완두콩을 8년 동안 관찰할 수 있을지는 장담하지 못하겠다. 여기서 중요한 것은 유전자도 아니고 완두콩도 아니다. 바로 사고하는 방식이다.

과학이라고 하면 소수의 특수한 영역이라고 생각하는 경향이 있는데, 뚜껑을 열어보면 어떤 과학자든 출발점은 가설을 생각하고 검증하는 것이다. 정말 단순하지 않은가?

원래 현재 과학이라고 불리는 것의 역사는 그렇게 길지 않다. 기껏해야 수백 년이다. 생각보다 짧은 시간에 과학은 정교하게 다듬어졌다.

그리고 사고방식은 훈련으로 누구나 습득할 수 있다. 피아노를 연습하듯이 연습만 하면 분명히 실력이 는다. 피아니스트가 되려면 타고난 재능이 필요하겠지만 평범한 사람도 많이 연습하면 피아노를 어느 정도는 잘 칠 수 있다. 유전자에 관심이 없는 사람도 과학적 사고를 연습하면 좋아하는 일이나 생활 속에서 일어난 일에 대해 과학적 사고를 할 수 있다. 피아노를 칠 수 있으면 삶의 소소한 즐거움을 얻을 수 있듯이 과학적으로 생각하면 일상의 풍경이 조금 다르게 보일 것이다.

그러면 생각하는 훈련은 어떻게 하면 될까?

추리소설을 떠올려보자. 추리소설은 처음에는 범인이 누구인지 알 수 없다. 여러분은 책을 읽으면서 누가 범인일지 생각할 것이다. 범인은 등장인물 속에 있고 몇 가지 복선이 깔려 있다. 그것을 힌트로 추리한다.

이것은 과학과 완전히 같은 행위다. 스노우가 콜레라가 왜 확산되는지를 생각한 것과, 여러분이 추리소설 작가의 책을 읽으며 범인이 누구인지 생각하는 행위 자체는 별로 다르지 않다.

즉, 일상에서 '어라?'라고 느낀 것을 다시 한 번 생각해보는 자세를 익히기만 해도 과학적 사고를 한결 쉽게 할 수 있다는 말이다. 예를 들어 방 안에 들어가 스위치를 누르면 불이 켜진다. 그런데 스위치를 눌렀으니까 불이 켜졌다고 단언할 수 있을까?

여러분은 이게 무슨 말이냐고 생각하겠지만, 정보가 이것밖에 없으면 스위치를 눌렀으니까 전기가 들어왔다고 단언할 수 없다.

사실은 이 스위치가 현관문의 스위치이고 방의 형광등은 수명이 다 되어가는 상태라고 가정해보자. 당신이 방에 들어갔을 때는 캄캄했는데 스위치를 눌렀더니 어쩌다 우연히 불이 들어왔을지도 모른다. 또는 그 방의 전등은 옆방 스위치와 연결되어 있는데, 당신이 그 스위치를 누른 순간에 누군가가 때마침 옆방 스위치를 눌렀을지도 모른다. 그러므로 벽을 뜯어서 전등과 스위치가 제대로 연결되어 있는지 확인하지 않는 한 스위치를 눌렀으니까 전등이 켜졌다고 단언할 수는 없는 것이다.

나는 내 연구실에 들어오기를 희망하는 학생들에게 이 스위치와 전등 이야기를 유전자로 치환해서 질문한다. 과학적 사고가 가능한지 확인하기 위해서이다.

일단 의문을 품고
상식을 의심하라

여러분은 일상생활을 하면서 얼마나 자주 '어? 이게 뭐지?'라고 느끼는가?

연구자는 항상 만사를 의심한다. 그러려니 하지 않는다. '이게 정말일까' 하는 눈으로 사물을 바라본다. 물론 이렇게 말하는 나도 우리 집 형광등을 볼 때마다 '이게 정말 형광등일까?' 하고 의심하진 않는다. 그러나 여러분은 혹시 대수롭지 않게 넘기는 일이 너무 많지는 않은가? 좀 더 의문을 품는 습관을 들여보자.

모든 것을 의심하기 시작하면 끝이 없는 것도 사실이다. 하지만 먼저 내 주변에 일어나는 일부터 의심해보자. 그러면 일상에서 생각보다 많은 일이 색다르게 보일 것이다. 그러면 일상이 추리소설처럼 수수께끼가 가득한 풍경으로 바뀐다.

추리소설은 인간을 대상으로 한 수수께끼 풀이다. 생명과학은 자연이 그 대상이다. 예기치 못한 속임수나 아무도 상상하지 못한 범인이 나타나는 경우가 비일비재하다. 그 수수께끼를 풀면 이제까지 불치병이라고 여겨졌던 병을 고칠 수도 있다.

과학자는 일 년 내내 범인 찾기 놀이를 즐기는 존재다. 이 과정을 여러분과 공유할 수 있다면 과학적 즐거움은 배가될 것이다.

그러면 이제부터 의문스럽게 느낀 점을 어떻게 생각해야 과학적 사고방식을 익힐 수 있는지 구체적으로 살펴보자. 걱정하지 않아도 된다. 양도 많지 않고 방법 자체도 무척 단순하니 말이다.

'상관'과 '인과'라는
최강의 도구

한번 익혀두면 여러모로 편리하게 써먹을 수 있는 사고방식이 있다. 그것은 '상관'과 '인과'다. 상관관계와 인과관계라는 두 용어는 과학의 기본이다.

상관이란 눈에 보이는 관계를 말한다. 연구 관찰 결과이기도 하다. 예를 들어 앞에서 예로 든 '어두운 방에 들어가 스위치를 누르면 불이 켜지는' 현상은 상관관계에 해당한다. 이 정보만으로는 스위치를 눌렀기 때문에 전기가 들어왔다고 단언할 수 없다. 다시 말해 상관관계는 '원인과 결과가 아닐 수도 있는' 관계를 말한다.

그에 반해 인과관계는 확실한 '원인과 결과의 관계'를 말한다. 상관관계에는 인과관계가 포함되기도 하지만 '상관=인과'는 아니다. 하지만 사람들은 상관관계를 인과관계라고 종종 착각한다.

인과관계가 있음을 나타내려면 관찰하기만 하는 게 아니라 실험과 검증을 해야 하는 경우가 많다. 앞서 예로 든 스위치 건의 인과관계를 증명하고 싶다면 '벽을 뜯어서 전등과 스위치가 제대로 연결되어 있는지 확인한다. 그리고 선을 절단하면 전등 불이 켜지지 않는다는 것'을 보여주면 된다.

그렇다면 생명과학 분야에서는 어떻게 인과관계를 입증하는 지 살펴보자.

앞에서 나는 내 연구실에 합류하길 원하는 학생에게 문제를 낸다고 말했었다. 나는 그때 그 학생이 상관관계와 인과관계를 구분할 수 있는지 눈여겨본다.

예를 들어 이런 문제를 낼 수도 있다.

'A유전자를 제거한 쥐를 만든다고 하자(유전자 조작 기술로 실제 로 만들 수 있다). 그러자 이유는 모르겠지만 B유전자가 사라지고 그 쥐는 죽어버렸다. 그 경우 B유전자가 사라진 것과 쥐가 죽은 것은 인과관계인가?'

여러분은 어떻게 생각하는가? 이 문제를 풀 때 유전자에 관 한 지식은 없어도 된다. 본질은 스위치 문제와 같기 때문이다.

정답은 다음과 같다. B유전자가 사라지면 쥐가 죽는 것은 상 관관계이며 인과관계, 즉 B유전자가 사라져서 죽는 것인지는 확실하지 않다.

그렇다면 인과관계가 있는지 여부는 어떻게 확인할 수 있을 까? B유전자를 제거한 쥐를 만들면 된다. 그렇게 했는데 쥐가 죽 는다면 B유전자는 생존에 꼭 필요하다고 결론을 내릴 수 있다.

만약 그 쥐가 죽지 않는다면 어떤 결론에 도달할까? 그 경우 A유전자가 사라지면 B유전자가 사라질 뿐 아니라 다른 어떤 일이 일어나서 쥐가 죽는 것이라고 생각할 수 있다.

이 상관관계와 인과관계의 차이점을 알아내는 능력은 일상생활이나 뉴스 등에서 '어라?'라고 느끼는 버릇을 들이면 자연스럽게 키울 수 있다.

예를 들어 어떤 사람이 마을 주변에 있는 버섯을 먹고 머리가 풍성해졌다고 하자. 이 둘은 상관관계이지만, 버섯 때문에 머리카락이 자랐는지 아닌지는 실험을 해보지 않으면 알 수 없다. 그 외의 이유가 있을지도 모르기 때문이다. 상관관계만으로도 중요한 정보지만, 인과관계가 없기 때문에 버섯과 머리카락의 관계는 과학적으로 증명된 사실은 아니라고 할 수 있다.

그러나 유전자 조작을 할 수 있게 되자 인과관계를 좀 더 명확하게 증명할 수 있게 된 것은 사실이다.

그림 1. 상관관계와 인과관계의 차이점

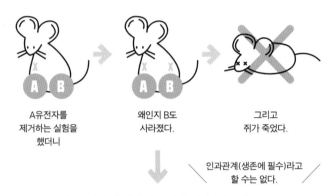

A유전자를
제거하는 실험을
했더니

왜인지 B도
사라졌다.

그리고
쥐가 죽었다.

인과관계(생존에 필수)라고
할 수는 없다.

'B유전자가 사라지는 것과 쥐가 죽는 것'
= 상관관계

인과관계를 증명하려면

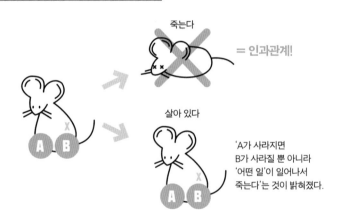

죽는다

= 인과관계!

살아 있다

'A가 사라지면
B가 사라질 뿐 아니라
'어떤 일'이 일어나서
죽는다'는 것이 밝혀졌다.

가짜 과학에
속지 않기 위하여

과학적 사고에 꼭 필요한 것이 또 하나 있다. 그것은 '비교하는' 자세다.

가령 알 수 없는 질병이 있다고 하자. 환자 100명이 어떤 약을 복용했더니 그중 80명이 이틀 만에 회복했다는 이야기를 들으면 여러분은 어떻게 생각할까?

"그 약 되게 잘 듣네!"

이렇게 반응할까?

물론 이제 치료약이 나왔다고 생각할 수도 있다. 그러나 사실이 결과만으로는 그 약이 정말 병에 효과가 있는지 판단하기 어렵다.

어떤 일을 과학적으로 조사할 때는 먼저 '비교하는' 과정을 거쳐야 한다.

위의 예에서는 무엇을 비교해야 할까?

먼저 '약을 복용한 그룹'과 '복용하지 않은 그룹'을 비교해야 한다. 즉, 100명에게 투약할 경우라면 투약하지 않는 100명을 별도로 만들어야 한다. 이틀 만에 나은 80명은 그 약을 먹지 않아도 나았을지도 모르기 때문이다.

이렇게 비교하는 것을 대조군을 설정한다고 한다. 대조군이 없는 연구는 '가짜 과학'이라는 말을 들어도 할 말이 없다.

예를 들어 어깨결림이 낫는 베개와 요통이 낫는 이불을 판매하는 광고를 보았다고 하자. 그래프도 보여주고 1,000명을 대상으로 실험했더니 90퍼센트 이상이 증상이 개선되었다고 쓰여 있다.

그럴 때는 대조군이 있는지 확인하자. 없다면 그것은 수상한 광고다. 그 베개와 이불을 사용하지 않은 대조군을 설정했는데, 그들 중 90퍼센트가 나았다면 그 상품을 이용하지 않아도 증상이 개선된다는 뜻이다. 결과적으로 이 베개나 이불이 효과가 있다고 할 수 없다.

연구는 논문으로 평가받는다

연구자는 가설을 세우고 검증하는 것이 일이다. 그 과정을 형태화한 것이 논문이다. 연구자에게 가장 중요한 것은 논문이다. 학회에서 아무리 많이 발표해도, 텔레비전이나 신문에 나와도, 책을 출판해도 논문을 내지 않으면 평가 대상이 되지 못한다.

앞에서 가설과 검증을 거듭하는 것이 중요하다고 했는데, **그 모든 것을 논문으로 평가하는** 것이 현 과학계의 규정이다. 학회 발표나 책 출간으로 평가받을 수도 있지만 그보다는 '논문으로 평가하는' 것을 중요시한다. **논문은 동료 평가(Peer Review)라는 과정을 거치기 때문이다.**

연구자들이 경쟁적으로 논문을 내어 여러 가설이 차곡차곡 쌓여야 가설이 발전한다.

여기서는 논문이 어떻게 세상에 나오는지 설명하겠다.

논문은 발표하기 전에 심사를 받는다. 사실 신과 같이 절대적인 판단을 할 수 있는 사람이 있으면 좋겠지만 현실에서는 당연히 그럴 수 없으므로 논문 발표자와 처지가 비슷한 사람, 즉 학자들끼리 심사를 한다. **이 심사가 바로 동료 평가다.**

논문 심사에는 씨름이나 권투 경기의 심판 같은 존재가 없다. 심사 전문가라는 직종이 없는 것이다. 그러므로 만약 내가 오토파지에 관한 논문을 써서 학술지에 투고하면 그 학술지의 편집부가 오토파지를 연구하는 학자 몇 명을 선별한다. 그리고 심사는 많은 경우 익명으로 이루어진다. 여러분도 이해할 수 있을 것이다. 익명이 아니면 그 분야의 일인자가 낸 논문에 문제가 있어도 여간해선 지적하기 힘들다. 그러나 정치적 영향력을 이유로 논문이 호평을 받는 것은 부당한 일이다.

최근에는 실명으로 평가하는 학술지도 늘었지만 아무도 이름을 밝히고 싶어 하지 않는다. 남에게 원망받고 싶지도 않고, 익명으로 평가해야 친한 사이여도 엄격하게 심사할 수 있기 때문이다.

심사 인원은 두 명에서 네 명 정도로, 세 명인 경우가 가장 많다. 그들은 각자 논문을 심사하며 평가한다. 구체적으로 몇 점인지 점수를 매기진 않지만 평가 단계가 존재한다. 그리고 심사원의 평가를 편집부가 종합적으로 판단한다. 심사 결과 신뢰도가 높고 중요한 성과라고 평가되면 학술지에 그 논문이 게재된다. 긍정적으로 평가할 수 없는 경우에는 '우리 학술지에서는 게재할 수 없다'고 거부(Rejection)당한다. 그러면 그 논문은 세상에 나오지 못한다.

또 문제점을 지적하며 '여기를 수정하면 학술지에 게재하는 것을 고려해보겠다'고 하는 경우도 있다. 이렇게 논문을 수정할 수도 있다. 이것은 꽤 흔히 있는 일이다.

이 경우에는 실험을 다시 한다. 이것을 논문 수정(Revise)이라고 한다. 책

내용을 개정할 때와는 달리 논문을 수정할 때는 실험을 다시 하거나 새로운 실험을 추가하기 때문에 시간이 걸린다. 지적을 받으면 수정까지 1년 이상 걸리는 일도 드물지 않다. 이런 과정을 반복함으로써 논문 게재가 허가되고, 논문이 세상에 발표되는 것이다.

참고로 첫 단계부터 편집부에게 부정적인 평가를 받고 심사 대상으로 채택되지 못할 수도 있다. 이것을 편집 거부(Editorial Rejection)라고 한다. 거부당한 사람은 처음부터 다시 논문을 쓰든가, 그대로 내고 싶다면 그 학술지보다 심사 기준이 느슨한 곳에 투고해야 한다. 학술지에도 급이 있다는 말이다.

학술지도 등급이 있다

논문을 게재하는 학술지에는 등급이 있다. 상위 등급인 학술지에 논문이 실리면 그 논문 자체에 대한 평가도 높아진다.

참고로 학술의 영향도를 수치화한 지표를 임팩트 팩터(Impact Factor)라고 하는데, 그것을 조사하는 회사가 매년 등급을 발표한다.

1위에 오른 학술지는 투고 논문들 중에서도 극소수만 게재한다. 반대로 등급이 낮은 학술지에 논문을 투고하면 거의 다 게재되는 경우도 있다.

피라미드의 상위에 위치해 톱 저널로 불리는 학술지 중 생명과학 분야에서 부동의 '3대 국제학술지'가 있다. 「셀Cell」, 「네이처Nature」, 「사이언스Science」다.

여러분도 「네이처」라는 학술지 이름을 들어본 적이 있을 것이다. 학술 분야의 종합지이며 물리와 화학 분야에서도 1위를 차지한다.

「셀」은 '세포'라는 뜻이다. 이름만 봐도 알 수 있듯이 생명과학 분야의 학술지다. 여담이지만 「셀스Cells」라는, 누가 봐도 「셀」을 의식한 학술지도 있다. 이것은 「셀」보다 등급이 낮다. 좁은 세계이지만 「셀」의 권위를 잘 알 수 있는 하나의 예라 할 수 있다.

상위 등급의 학술지에 논문이 실리면 업계 평가가 단숨에 재고된다. 어떤 나라는 아예 연구자의 급여를 올려주기도 한다. 급여는 오르지 않아도 본인이 원하는 자리를 얻는 데 강력한 무기가 되어주므로 누구나 상위 등급의 학술지에 논문을 내고 싶어 한다.

수많은 연구자가 논문을 투고하니 심사위원들은 당연히 엄격한 잣대로 심사하게 되고 그 결과 학술지에 실리는 논문 수준은 점점 높아진다. 그런 상승 효과로 인해 그 학술지에 대한 신뢰도는 더 향상된다.

하지만 상위 등급 학술지에 게재하는 논문이라고 해서 무조건 좋은 논문은 아니다. 새빨간 거짓을 쓴 논문이나 내용이 조악한 논문도 때로 있다.

학술지 등급을 중시하는 풍조를 바람직하지 않게 보는 연구자도 많다. 임팩트 팩터를 사용해 연구자를 평가하는 것을 중단하자는 운동이 일어나기도 한다.

연구 논문은 성선설을 전제로 평가한다

자, 그런데 논문의 세계에는 두 가지 문제가 있다. 이미 눈치챈 사람도 있을 것이다. '심사하는 사람이 과연 올바른 판단을 할 능력이 있는가'라는 문제다. 진리를 완벽히 보장하는 것은 신만이 할 수 있기에, 일개 심사위원이 그 가설이 확실한지 판단할 수 있겠는가 하는 문제는 항상 존재한다. 따라서 논문이 세상에 나오는 것은 끝이 아니라 오히려 출발점이라고 생각해야 한다. 그때부터 다른 연구자에 의해 논문 검증이 이루어지고 시간이 흐를수록 그 가설이 세련되게 다듬어지기 때문이다.

학술지 편집부는 물론 심사위원으로 적합한 사람에게 의뢰하지만 인간인 이상 여러 가지 편견이 있기 마련이다. 어떤 심사위원은 대단히 사소한 부분까지 지적한다. 그러면 실험을 다시 해야 하는 등 '수정'하는 데 1년 이상 걸리는 일도 드물지 않다. 그렇게 하는 사이에 비슷한 내용의 논문이 다른 잡지에 실려 추월당하기도 하고, 새로운 발견으로 학문을 발전시키고 기여하는 데 발목이 잡힐 수도 있다.

그런 일을 피해 되도록 빨리 성과를 발표하기 위해 심사 전인 논문을 인터넷으로 공개하는 온라인 사이트인 프리프린트(Preprint) 서버도 등장했다. 코로나19는 그야말로 한시가 급한 건이므로 수많은 논문이 프리 프린트 서버에 업로드되었다. 다만 거기 올라간 논문은 심사를 받지 않았으니 공신력이 떨어진다는 측면도 있다.

또 동업자가 논문을 심사해서 일어나는 폐해도 있다. 심사위원이 논문 내용을 베끼려고 생각하면 얼마든지 베낄 수 있기 때문이다.

타인의 연구 결과를 본인이 모르는 곳에서 이용한 유명한 예가 DNA의 이중나선 구조다. 제임스 왓슨(James Watson, 1928~)은 DNA 결정의 엑스선 회절 사진을 보고 DNA가 이중나선 구조를 하고 있을 것이라고 확신했다. 이 사진에는 DNA의 나선형 구조가 아주 선명하게 드러나 있었다. **문제는 이 사진이 왓슨이 실험해서 촬영한 것이 아니라는 점이었다. 게다가 노벨상을 수상할 때까지 왓슨은 자신이 이 사진을 보고 DNA의 이중나선 구조를 생각해냈다고 밝히지도 않았다.**

이 사진을 촬영한 것은 로잘린드 프랭클린(Rosalind E. Franklin, 1920~1958)이라는 영국 킹스 칼리지의 여성 연구자였다. 왓슨이 이 사진을 어떻게 볼 수 있었는지에 대해서는 프랭클린의 사진을 허가 없이 보았다는 설도 있고, 프랭클린의 공동 연구자가 보여주었다는 설도 있다.

왓슨은 노벨상을 수상한 뒤에야 그 사진을 보고 착상했다고 인정했다. 아마도 프랭클린에게 아무 양해도 구하지 않고 사진을 연구에 이용했다는 죄책감을 느끼지 않았을까? 참고로 프랭클린은 노벨상을 받지 못하고 1958년 37세의 나이에 암으로 사망했다.

문제는 STAP 세포
존재 여부가 아니다

자, 과학적 사고가 무엇인지 대강 알게 되었으니 이제부터는 과학적 날조 문제에 관해서도 살펴보자.

옛날, 과학이란 지식인이 즐기는 취미였다. 근대 시대가 되어서도 과학은 과학자의 살롱에서 논의되었다. 살롱에서 발표하고 논의해서 그곳에 가입된 사람이 권위를 부여하고 판단한 것이다. 다시 말해 무척 폐쇄적이었다. 그래서 평범한 사람이 대단한 발상을 해도 그것을 세상에 알릴 곳이 딱히 없었다.

이런 풍토를 바꾼 것이 논문이다. 논문으로 판단함으로써 많은 이가 참여할 수 있는 심사 시스템이 생겼다. 즉 논문 심사는 인간이 인간을 평가하는 시스템이므로 절대 완벽하진 않지만, 지금 인간이 생각할 수 있는 것 중에는 가장 효과적인 방식이다. 하지만 이 시스템의 허점을 교묘하게 이용하는 사람도 있다. 바로 날조와 변조다.

부정한 연구는 크게 3가지로 나뉜다. 날조(Fabrication, 조작. 없는 결과나 자료를 만듦―옮긴이), 변조(Falsification, 위조. 결과나 자료를 가설과 부합하게 왜곡 ─ 옮긴이), 표절(Plagiarism. 연구 결과나 아이디어를 가로챔 ─ 옮긴이)이다. 이것은 세계 공통의 기준이다.

하지도 않은 실험을 했다고 하거나, 존재하지 않는 데이터나 이미지를 게재하는 경우가 날조에 해당한다.

변조는 데이터나 이미지를 가공하는 것이다.

논문을 평가하는 시스템은 성선설을 바탕으로 형성되어 있다. 거기에 게재되는 데이터와 이미지는 사실이라는 전제하에서 심사하는 것이다.

과학 분야의 날조와 변조라고 하면 일본 이화학연구소(理化學研究所, Rikagaku Kenkyusho, 줄여서 RIKEN이라고 한다. 이하 리켄 연구소 ─ 옮긴이)의 오보카타 하루코(小保方 晴子, 1983~. 일본의 세포생물학자로, 「네이처」에 두 편의 논문을 올려 일약 스타가 되었다가 논문 조작으로 밝혀져 박사 학위를 박탈당했다 ─ 옮긴이) 박사가 2014년에 발표한 STAP 세포(Stimulus-Triggered Acquisition of Pluripotency Cells) 논문이 유명하다. STAP 세포는 몸의 세포를 산성 용액으로 자극하면 모든 장기와 조직을 만드는 이른바 '만능 세포'다. 그녀는 할머니에게 물려받은 앞치마를 실험복 대용으로 입은 모습과 함께 만인의 주목을 받았다.

그녀의 논문에는 다른 주제를 놓고 쓴 논문의 이미지가 올라왔고, 분석 결과를 나타내는 이미지에 가공한 흔적이 보였으므로 연구 부정이 아니냐는 의혹을 받았다.

그녀는 처음에는 데이터를 잘못 올렸다고 주장했다. 그러나 연구자들 대부분은 논문 속에서도 대단히 중요한 부분에 올라온 그 데이터를 잘못 올렸다는 것이 말이 되느냐고 미심쩍어했다. 또 그 이미지는 정말로 잘못 찍은 것이라고 가정해도 그밖에 부자연스러운 점이 한두 개가 아니었다.

일단 이미지를 어떤 실험을 통해 입수했는지 분명하지 않았다. STAP 세포의 실험 노트는 3년간 두 권뿐이었고 어떤 과정을 거쳐 데이터를 얻었는지 나와 있지 않았다. 즉, 어떻게 STAP 세포를 만들어냈는지 증거를 제시하지 못한 것이다. 리켄 연구소는 영국의 연구자에게 논문 내용을 재현해달라고 의뢰했지만 그들도 끝내 입증하지 못했다.

오보카타 박사는 리켄 연구소가 설치한 조사위원회의 조사에 대해 악의 없는 '착오'임을 강조했다. 실제로 그런 착오는 종종 발생한다. 그러나 STAP 세포를 만들었다는 데이터를 제시하지 못했으므로, 조사위원회는 부정 연구로 판단하고 리켄 연구소는 최종적으로 논문을 철회했다.

참고로 이 논문은 국제적 권위가 있는 학술지인 「네이처」에 게재되었다. 다시 말해 심사한 사람도 편집부도 그 내용을 인정하고 '게재 가능하다는 승인'을 한 것이다.

학술지에 실린 논문도
틀렸을 수 있다

그렇다면 이것은 심사위원이 잘못한 것일까? 연구자인 나는 그렇게 생각하지 않는다. 애당초 논문의 진실 여부는 신만이 알 수 있다. 심사위원이 틀릴 수 있다는 점은 연구자라면 누구나 알고 있다. 그래서 논문이 학술지에 게재되었는데 그 내용이 잘못되었다고 밝혀져도 연구자들은 '아, 그렇군'이라고 고개를 한 번 끄덕이고, 끝이다.

또 앞에서도 말했듯이 논문 심사는 기본적으로 성선설을 따른다. 데이터를 날조한다는 전제가 없는 조건에서 심사하는 것이다. 실험 방법에 본인이 알아차리지 못한 결점이 있으면 그것을 지적할 순 있다. 그러나 실험 자체를 하지 않았는데 본인이 했다고 우기면 심사위원은 어떻게 할 방도가 없다. 그 점을 신용하지 않으면 실험하는 것을 옆에서 지켜봐야 한다. 그러므로 날조나 변조는 정말 큰 문제다. 과학에 대한 신용을 잃게 하고 나아가 과학 자체를 무너뜨리는 행위다.

사실 오보카타 하루코의 논문 날조 사건은 원래대로라면 업계 내에서만 시끌시끌하고 말았을 것이다. 그러나 그 논문이 워낙 세상을 떠들썩하게 했고 연구자가 소속된 리켄 연구소가 대대적으로 언론에 홍보한 탓에 논문 소동은 전국으로 퍼져나 갔다.

그 난리가 벌어졌을 때 나는 사람들이 논문 심사의 구조를 알고 있었다면 그렇게 방향이 어긋난 지적을 하진 않았을 것이라고 아쉬워했다. 그 무렵, 논란의 중심은 'STAP 세포가 실재하는 가'였기 때문이다.

그러나 중요한 것은 그녀가 논문을 부정하게 썼다는 것이 밝혀져 논문을 철회했다는 사실이다. STAP 세포가 실재하는가가 아니다. STAP 세포는 실존할지도 모른다. 논문이 수리되지 않아서 백지로 돌아간 것뿐일 수도 있다.

그런데 오보카타 박사가 의혹을 샀을 때 STAP 세포는 존재한다고 눈물을 흘리며 호소함으로써 엉뚱한 방향으로 논의가 흘러가버리고 말았다. 세포가 있는지 여부가 논의 주제가 된 것이다. 그러나 STAP 세포 논문 건은 논문이 마땅히 갖춰야 하는 형태를 충족하지 못했다는 것이 문제일 뿐이다. 그녀는 기자회견에서 논문 작성 방법이 '주관적이었다'고 말했다. 그런 것은 논문이라고 할 수 없다.

날조와 변조는
과학을 무너뜨린다

참고로 대단히 안타깝게도 논문이 틀린 경우는 셀 수 없이 많다. 날조와 변조 등 고의인 경우도 있지만 고의가 아니어도 틀린 경우도 적지 않다.

1974년에 일어난 윌리엄 T. 서머린(William T. Summerlin, 1938~) 사건을 예로 들어보자. 데이터 날조로 무척 유명한 사건이다.

그 당시 피부 이식은 아주 선진적인 기술이었다. 지금은 이식을 어려운 기술이라 생각하지 않지만 실은 인간의 몸에 있는 '거부반응' 때문에 전혀 만만하지 않은 기술이다. 우리 몸은 이물질이라고 인식한 물질을 공격하기 때문이다.

3장에서도 언급하겠지만 몸에는 이물질을 인식하기 위한 면역 기능이 작용한다. 피부 이식을 할 경우에도 세포가 이식한 피부를 이물질로 인식하고 공격하기 때문에 그 거부반응을 얼마나 잘 통제하는지가 오랜 과제로 남아 있었다.

그러던 어느 날 윌리엄 T. 서머린 박사는 털 색이 다른 쥐들의 피부 이식에 성공했다. 하얀 쥐에 검은 쥐의 피부조직이 이식되었으므로 몸의 일부가 검게 된 것이다. 하지만 이것은 날조였다. 어처구니없게도 흰 쥐의 피부 일부를 매직으로 검게 칠했을 뿐이었다. 농담 같은 이야기지만 세계적으로 권위 있는 연구소의 소속 연구자가 태연하게 쥐의 털을 매직으로 칠한 것이다. '서머린이 색칠한 쥐(Summerlin's Painted Mouse)'라는 말은 날조의 상징으로 통한다.

지금은 사진을 디지털 가공할 수 있으므로 과거보다 훨씬 정교하게 데이터를 날조할 수 있다.

한편으로 부정행위를 밝히는 시스템도 발전했다. 대학과 연구기관에는 논문 도용 검출 시스템이 도입되었는데, 이것은 수천만 권의 논문과 문헌, 수백억 개의 인터넷 페이지로 구성된 데이터베이스다. 이 시스템으로 논문에 쓰인 문장의 표절 여부를 확인한다.

학술지도 대책을 강구하고 있다. 내가 편집위원으로 소속된 「JCS(Jounal of Cell Science)」라는 학술지도 편집부에서 이미지가 디지털 조작되어 있지 않은지를 확인한다.

참고로 오보카타 하루코의 논문 부정은 인터넷상에서 정보교환을 하는 연구자들이 발견했다. 이런 경우도 상당히 많다. 세상의 주목을 받은 논문이므로 모두 관심을 갖고 검증했더니 단기간에 의문점이 툭툭 튀어나온 것이다.

오류가 과학을
발전시킨다

논문에는 고의가 아닌 오류도 있다. 그러므로 앞에서도 이야기했지만, 논문이 나온 뒤부터가 그 가설의 새로운 출발점이 된다.

논문을 읽고 '이런 가설도 있구나'라고 생각한 다른 연구자가 가설을 검증하기 시작한다. 그 논문의 내용에 오류가 있다고 생각하면 같은 실험을 해본다. 이것을 '재현실험(Reappearance Experiments)'이라고 하는데, 같은 실험을 반복해 데이터가 정확한지 조사하는 것이다.

재현실험뿐 아니라 다른 실험으로 같은 결론에 도달할 수 있는지도 검토한다. 또는 '가설이 정확하다면 이런 결과도 나올 것이다'(즉 앞에서 이야기한 '예상'이다)라는 내용으로 연구를 시도하는 사람도 등장한다. 다른 사람이 낸 가설에 살을 붙여나가는 것이다. 물론 자신의 가설에 대해서도 마찬가지다. 이런 식으로 새로운 연구감이 생기면서 앞으로 나아가는 것이 과학이다.

재현실험을 했는데 오류가 발견되면 그 점을 두고 논쟁이 벌어지지만, 그것이 날조나 변조가 아닌 한 업계와 소속기관에서 그 연구자를 추방하진 않는다. 아무도 그 연구자를 책망하지 않는다. 열심히 실험했지만 결과적으로 틀렸고, 그 내용이 그대로 학술지에 게재되는 일은 얼마든지 있다.

코로나19에 관해서는 수많은 연구자가 여러 가지 가설을 세워서 세상을 떠들썩하게 했다. 삼밀(밀집, 밀접, 밀폐)을 피하라는 사람도 있고 사회적 거리두기를 할 필요는 없다는 사람, 도쿄는 2주 뒤에 뉴욕처럼 확진자가 수십만 명에 달할 것이라고 외친 사람도 있었다. 얼핏 들어도 얼토당토않은 가설도 있다. 그러나 설령 그 가설이 틀려도 연구자들은 그들을 질책하지 않는다. 그 가설을 검증해나가는 것이 과학이기 때문이다.

오히려 '저 사람 말은 틀렸다', '거짓말쟁이'라고 공격하거나 그 사람의 주장을 맹신하는 극단적 태도가 잘못된 것이다.

과학적 사고 이야기는 이 정도에서 매듭을 짓겠다. 이제 여러분은 과학자의 기초 소양을 충분히 갖춘 셈이다.

이 장에서 설명한 대로, 과학이란 무엇인지 이해하고 과학적으로 사고할 수 있다면 여러분이 접하는 정보를 보는 관점이 변할 것이다. 과학은 진실 여부를 판별하는 편리한 기구가 아니라 진실에 다가가기 위해 가설을 세우고, 검증하는 행위다. 그러려면 논리적으로 생각하는 것이 가장 중요하다.

앞으로도 정체불명의 바이러스가 나타나거나 당신을 혼란에

빠뜨리는 일이 생길 것이다. 그러나 과학이 무엇인지 이해하고 연구자의 세계를 들여다본 당신은 예전보다 훨씬 쉽게 정보를 취사선택할 수 있을 것이다. 모든 것은 가설이라는 점을 인식하고 그에 대한 검증이 어느 정도 되어 있는지 살펴보자. 겉으로 보이는 상관관계뿐 아니라 인과관계를 확인해야 한다.

과학은 여러분이 사회를 대하는 자세를 묻는 것이라고 할 수도 있다.

생명과학 분야의 상위 3개 학술지

생명과학 분야의 상위 3개 학술지는 여러 개의 자매지를 갖고 있다. 예를 들어 「네이처」는 「네이처 셀 바이올로지Nature Cell Biology」와 「네이처 커뮤니케이션즈Nature Communications」가 자매지다.

편집부의 요구에 맞추어 논문 내용을 수정했다고 해서 반드시 게재된다는 법도 없고, 추가 연구자, 연구비, 그리고 추가 연구에 따른 시간이 든다. 그래서 세계 3대 학술지인 「네이처」에서 거부당했을 때는 자매지로 자동적으로 내려간다. 심사도 한 번이면 되니까 시간을 단축할 수 있다.

만약 그 아래 등급의 학술지도 안 될 때는 또 그 아래 등급의 학술지에서 논문을 받는 시스템이 있는 곳도 있다. 이것은 학술지를 출판하는 출판사가 수익을 내기 위한 방식이기도 하다.

혹시 학술지에 자신이 쓴 글이 실리면 원고료를 받을 수 있을 거라고 생각하는 사람이 있을까 해서 말해두는데, 사실은 그 반대다. 투고자가 돈을 내야 한다. 세계적인 학술지일수록 투고료가 세다. 「네이처」 정도면 대개 50만 엔은 내야 한다. 수입이 많지 않은 젊은 연구자가 사비로 지급하기 힘든 액수이므로 대학이 대신 지불하기도 한다. 좋은 논문이 세상에 나오지 않는 것은 대학으로서도 큰 손실이기 때문이다.

연구자들 사이에서는 학술지를 출간하는 출판사가 지나치게 상업적이지 않냐는 의견도 있다.

예를 들어 앞에서 논문을 내려면 심사를 받아야 한다고 했는데 심사위원이 그 논문을 읽는 데는 돈이 안 든다. 편집부에서 의뢰하긴 하지만 무상으로 심사하기 때문이다. 또 구독료 수입도 엄청나다. 논문을 게재하는 학술지는 일반인들도 살 수 있지만 그들의 주요 고객은 대학이다.

세계적 학술지를 내는 출판사는 자매지를 포함해 여러 개의 잡지를 출판하므로 대학에 이것들을 패키지로 판매한다. 구독하면 아카이브도 포함해서 열람할 수 있지만, 많게는 연 10억 엔 규모의 구독료를 지불하기도 한다. 물론 학술지는 정기적으로 읽어야 하고 과거의 논문도 함께 조사해야 한다. 그러나 그 점을 감안해도 부담스러운 가격인 것은 사실이다.

그래서 일부 연구자는 학술지 논문 심사 보이콧을 시작했다. 논문 심사를 거부하는 사람이 나오고 미국에서는 정부 관련 단체가 독자적으로 학술지를 내기도 한다. 오픈 액세스(Open Access)라는 형태로 누구나 자유롭게 논문을 인터넷상에서 열람할 수 있는 시스템도 있다.

서양 중심인 연구의 세계에
중국이 변화의 바람을 불어넣고 있다

연구 분야는 아직 서양 중심이다. 나는 영국의 「JCS」라는 학술지의 13명 편집위원 중 한 명인데 아시아인으로서는 처음으로 선출되었다. 이것만 봐도 연구 분야는 여전히 서구 중심임을 알 수 있을 것이다.

이 상황은 조금씩 바뀌고 있다. 중국이 무서운 기세로 성장하면서 지금 자연과학 논문 수는 중국이 미국을 이미 추월했다. 2016년~2018년 발표된 중국의 논문 수는 연 30만 5,927편인 데 비해 미국은 28만 1,487편이다(일본 문부과학성 데이터 참조). 3위인 독일은 6만 7,041편에 불과하다. 참고로 일본은 4위로 6만 4,874편이다. 중국과 미국이 세계 논문의 40%를 점유하고 있다는 말이다. JCS의 편집위원에도 지금은 중국과 독일 연구자가 선출되고 있다.

물론 이것은 논문 수만 살펴본 것이지만 질적인 면에서도 중국은 눈에 띄게 성장하고 있다. 또 '질이 좋은 논문'인지 판단하는 지표 중 하나가 다른 논문에 얼마나 많이 인용되었는지 알아보는 '피(被)인용수'다. 다른 연구자가 좋게 평가하는 논문은 여러 편의 논문에서 자주 인용되기 때문이다. 어느 학술지에 실렸는가보다 피인용수가 얼마나 되느냐가 그 논문을 평가하는 좀 더 확실한 잣대로 인식된다. 내가 낸 논문 중 하나는 피인용수가 5,000을 넘는다. 오토파지 분야에서 1위를 차지하지만 논문 자체는 상위 3개의 학술지가 아니라 중견급에 게재되었다.

피인용수는 연구자를 평가하는 기준이기도 하다. 내가 지금까지 낸 논문의 총피인용수는 분자생물학 분야에서 일본 2위, 세계 22위다. 자화자찬 같지만 꽤 좋은 성과다. 또 100개 인용되는 논문을 한 편 쓰는 것과 한 번밖에 인용이 되지 않는 논문을 100편 쓰는 것이 같은 등급으로 취급받으므로, 그것을 반영하는 'H-index'라는 지표도 도입되었다.

지금 중국은 피인용수도 증가 추세다. 빈번하게 인용된 논문 상위 10%의 점유율을 보면 미국이 24.7%로 1위이지만 중국이 22%로 비등비등하다. 상위 1%의 논문으로 좁혀도 미국이 29.3%인 데 비해 중국은 21.9%다(2016~2018).

중국은 인구가 많으므로 연구자 수도 많고 국가 차원에서 대학에 돈을 쏟아 붓고 있다. 2018년의 지원금을 보면 2000년에 비해 10.2배로 증가했다. 반면 미국은 1.8배였다. 자연과학 분야에서도 임상의학이나 기초생명과학 분야에서는 아직 미국이 강하지만 앞으로 중국도 두각을 보이리라 예상된다.

2장

세포를 이해하면
생명을 이해할 수 있다

모든 생명의 기본은

세포

드디어 생명과학에 대해 논의할 수 있게 되었다. 자, 먼저 여러분에게 질문을 하나 하자. 인간이나 동물 등 대체 몸에 무엇이 있어야 '생물'이라고 간주할까? 즉 '생물은 무엇이다'라는 생물의 정의에 관한 질문이다.

여러분은 뭐라고 답하겠는가? 장기? 혈액? 하지만 이게 없는 생물도 있다. 정답은 '세포'다. 모든 생명의 기본 단위가 되는 것이 바로 세포다.

이 장에서 여러분이 알아야 할 것은 딱 하나, 세포다. 여기서는 고유명사도 여러 개 나오지만 세세한 명칭은 잊어버려도 된다. 세포란 이런 거라는 것만 알면 생명을 이해하는 데 충분하다. 인간의 몸은 복잡한 구조로 이루어진 듯이 보이지만 근본적으로는 대단히 단순하다.

인간의 몸은 세포로 형성된다. 병도 세포가 약해져서 생긴다. 세포라는 단위에 주목해서 인간을 살펴보면 공식이나 전문용어를 알지 못해도 몸의 구조를 온전히 이해할 수 있다.

중요한 것은 1장에서 배운 '논리적으로 생각하는 것'이다. 과학적 사고를 통해 왜 그렇게 되었는지, 왜 그렇게 되는지에 초점을 맞추어 생물을 바라보자. 이 장을 다 읽어갈 무렵에는 DNA와 게놈, 유전자 등 뉴스에서 많이 나오는 '들어봤지만 잘 은 모르는' 용어도 잘 이해하게 될 것이다.

오드리 헵번과
오랑우탄의 세포는 같다

모든 생물은 세포로 이루어진다. 왕년의 대배우 오드리 헵번과 오랑우탄의 외형은 전혀 다르다. 하지만 그 둘의 몸에서 세포를 떼내어 현미경으로 관찰하면 형상과 기능이 거의 같다.

오드리 헵번과 오랑우탄은 겉보기에는 닮은 점이 없지만 세포 형태만 보면 구별할 수 없게 닮았다. 세포만 보면 오드리 헵번보다 오랑우탄을 좋아하게 될지도 모른다.

"오드리 헵번과 오랑우탄은 같은 영장류여서 그런 거 아닌가요?"

이렇게 생각할 수도 있다. 그런데 이것은 파리도 마찬가지다. 파리와 대배우의 세포 형태는 거의 똑같다. 물론 기능적으로 차이가 있어서 생물 간의 차이점이 생기지만, 세포 내부의 기본적인 구성과 구조는 놀라울 정도로 비슷하다.

그러나 세포의 수는 생물에 따라 차이가 난다. 인간은 약 37조 개의 세포로 이루어진다. 의대에 입학한 학생은 모두 공부를 열심히 해서인지 이 숫자를 아는 학생들이 꽤 있는데, 이게 중요한 것은 아니다. 꼭 외워야 할 필요는 없다. 그래도 37조 개나 된다니 감탄스럽다.

참고로 이것은 세포 하나하나를 셀 수는 없으므로 추측해서 도출한 수치다. 이 수치를 알게 된 것은 2013년, 즉 21세기에 들어와서였다.

그보다 조금 전까지는 우리 몸의 세포가 60조 개라고 추정했는데 한 연구자가 이것에 의문을 가지기 시작했다. 60조 개는 몸의 각 부위(장기 등)에 따른 세포의 크기를 고려하지 않고 추정한 수였다. 하지만 몸의 부위에 따라 세포의 수는 다를 것이라는 생각이 떠오른 것이다.

물론 60조라는 숫자가 37조로 바뀌었다고 해서 인간의 생활이 실제로 크게 달라지진 않는다. 그러나 연구자 특유의 호기심이 발동했을 것이다.

세포는 하나하나가 살아 있기 때문에

생명의 기본 단위

그러면 왜 세포를 생명의 기본 단위로 인식할까? 1장에서 설명했듯이 과학은 가설이 전부다. 지동설도 에너지보존법칙도, 우리가 진리라 믿는 사실들은 '보다 확실해 보이는 가설'이다. 세포가 생명의 기본 단위라는 가설은 생명과학 분야에서는 모든 생물에 공통하는 보편적이고 가장 진리에 가까운 가설로 인식된다.

세포가 생명의 기본 단위라고 생각하는 이유는 크게 두 가지다. 먼저 하나하나의 세포가 살아 있다는 것을 알고 있기 때문이다. 이것은 엄청난 발견으로 이 발견이 생명과학을 크게 발전시켰다.

인간은 난자라는 한 개의 세포에서부터 시작한다. 이 난자 속에 정자가 들어가 수정되면 수정란이 자라기 시작한다. 세포분열이 일어나고 배(胚)로 분열을 거듭해 최종적으로 37조 개까지 늘어난다. 단 한 개의 세포가 37조 개가 되어 각기 다른 역할을 맡는다. 눈이나 피부, 간세포가 되는 것이다. 그 37조 개의 세포 하나하나가 살아 있다.

하나하나 살아 있으므로 인공적으로 세포를 증가시킬 수도 있다. 이것을 배양이라고 한다. 사람이 생겨날 때와 마찬가지로 세포분열을 배양접시(Schale, 실험에 사용하는 유리나 플라스틱제 평판—옮긴이)에서 재현하는 것이다. 예를 들어 세포를 여러분의 피부에서 떼어내 배양할 수도 있다. 다만 배양접시에서 세포를 배양한다고 해서 사람이 되진 않는다. 그저 수가 증가할 뿐이다.

실제로 나도 연구실에서 세포를 '키우고' 있다. 배양접시에서 세포를 살아 있는 상태로 유지한다. 쥐나 인간의 몸에서 세포를 채취해 배양한다. 이렇게 해서 실험용 세포를 만든다. 실험할 때 인간의 세포는 꼭 필요하다. 대부분의 실험에서 살아 있는 인간을 상대로 직접 실험하기는 어려우므로, 이렇게 배양세포를 사용한다.

이렇게 실험에 필수인 세포배양이지만 장기간 실험에서 사용할 수 있는 인간의 세포를 만들어내기는 상당히 어렵고 그 역사는 의외로 짧다. 인간의 세포배양에 최초로 성공한 것은 지금으로부터 약 70년 전인 20세기 중반이었다.

이것은 1954년 암으로 사망한 아프리카계 여성인 헨리에타 랙스(Henrietta Lacks)에게서 채취한 세포다. 그녀의 성과 이름의 첫 두 글자를 따서 헬라세포(HeLa Cell)라고 명명했다. 그녀는 자궁경부암 치료를 받으러 병원에 갔는데, 의사가 그녀의 종양에서 세포 샘플을 채취해 세포 전문가에게 넘겼다.

헬라세포는 암세포라는 점이 중요하다. 앞서 세포가 1개의 난자에서 37조 개로 증가한다고 했는데, 그 이상은 늘어나지 않는다. 세포는 죽을 때까지 분열할 횟수가 정해져 있으므로 37조 개가 되면 증식을 멈춘다. 이렇게 무한대로 분열하지 않는 덕분에 우리 손은 3개나 4개가 되지 않는다.

그런데 암세포는 무한대로 늘어나 몸에 나쁜 영향을 준다. 그래서 암세포는 인류의 골칫거리다. 연구자들은 암세포가 무한대로 늘어나는 성질을 실험에 이용하고 있다. 지금은 이런 세포가 수만 종류가 되며 각기 이름이 붙어 있는데, 그 최초의 세포가 헬라세포다. 이 세포는 내 연구실에도 있다.

여담이지만 그녀의 세포를 채취할 때 의사는 그녀에게 동의를 구하지 않았다. 지금의 관점에서 보면 윤리적으로 문제가 있는 행위지만, 그 당시 법률로는 검체로 채취한 세포를 배양할 때 의사가 환자에게 허가를 구할 의무가 없었다. 헬라세포가 헨리에타 랙스의 것이라고 공표된 것은 그로부터 20년 뒤인 1970년대에 이르러서였다.

그녀는 결국 자궁경부암으로 죽었지만, 그녀의 세포 덕분에 인류는 여러 가지 새로운 발견을 할 수 있었다. 물론 의료산업도 비약적인 발달을 했다. 살아 있는 인체를 사용하지 않고도 실험을 할 수 있게 된 점은 의학계에서 획기적인 일이었다.

어떻게
약을 시험할까?

약을 개발할 때는 먼저 배양세포로 실험을 해야 한다.

바이러스에 대한 약이면 일단 배양세포를 바이러스에 감염시켜서 인간의 몸에 감염한 것과 같은 상태를 재현한다. 그리고 바이러스가 배양세포 속에서 증식하면 약을 주입한다. 바이러스의 증식이 멈추면 인간에게도 효과가 있을 가능성이 있다고 판단한다.

가능성이 있다고 표현하는 것은 배양세포에 효과가 있다고 해서 인간의 몸에도 듣는다는 보장이 없기 때문이다.

배양한 세포와 체내에 있을 때의 세포는 그 성질이 다른 경우도 많으며 몸속에서 약이 병든 세포까지 잘 도달할지 불확실한 면도 있다. 그래서 이런 세포로 실험을 한 뒤에는 쥐나 파리 등 실험동물을 이용한다. 여러분이 실험이라고 하면 떠올리는 광경일 것이다.

여기서 효과가 확인되면 마지막으로 인간을 대상으로 실험을 한다. 이 모든 과정을 통과하지 않으면 약을 제조할 수 없다.

배양세포에는 효과가 있었지만 동물실험에선 효과가 없었거나, 동물실험에는 들었는데 마지막 임상시험을 통과하지 못한 예는 셀 수 없을 정도로 많다. 코로나 바이러스 등의 신약 개발도 이런 과정을 거치고 있다. 코로나 바이러스의 백신이 엄청난 속도로 개발되고 있다고 앞에서도 말했는데 이렇게 품이 드는 일을 빛의 속도로 하고 있다는 뜻이다.

생명과학 연구를 할 때는 종종 배양세포를 기본으로 한다. 그렇게 할 수 있는 것도 세포가 살아 있기 때문이다.

세포 하나하나에
모든 정보가 들어 있다

이제 세포를 생명의 기본 단위로 하는 첫 번째 이유가 '세포는 하나하나가 살아 있다'임을 이해했을 것이다. 또 하나 중요한 이유는 한 세포 안에 한 인간을 만드는 모든 유전정보가 들어 있다는 점이다.

뒷장에서 자세히 다루겠지만 생물의 모든 것은 유전자가 결정한다. 몸에는 수만 종류의 유전자가 있으며 그것이 인간을 만드는 데 필요한 정보를 기록(코드를 기록한다고도 볼 수 있다)한다. 이 유전자 세트를 게놈(Genome)이라고 한다. 생명의 설계도라 할 수 있다.

이 게놈은 세포 하나하나에 들어 있다. 2020년 현재, 어디에서나 세포를 채취하면 사람 한 명을 만드는 것이 기술적으로는 가능하다. 헬라세포에서 헨리에타 랙스를 만들 수도 있다. 기억까지 복제할 수는 없지만 얼굴을 포함해 외견은 그대로 만들 수 있다. 영화나 드라마에서 종종 죽은 아들을 한 번 더 보고 싶다고 한탄하는 장면이 나오는데 세포를 배양하면 겉모습은 완전히 똑같은 아들을 만날 수 있다. 그것이 클론 인간이다. 그러나 윤리적 문제로 인해 아무도 시도하지 않을 뿐이다.

크기를
의식하자

여기까지 읽으면 세포가 생명의 기본이라는 점을 어느 정도는 알게 되었을 것이다. 물론 구체적으로 와닿지 않을 수도 있다. 그런 사람은 일단 그렇게만 알아두어도 괜찮다.

다음으로 해야 할 일은 세포를 구성하는 것의 '크기'를 파악하는 것이다. 크기를 대략 알아두면 뒤에 나오는 설명을 훨씬 쉽게 이해할 수 있다.

세포는 지나치게 작아서 정확한 크기를 상상하는 것은 힘든 일이다. 그보다는 세포와 세포 안팎에 있는 것들의 크기 차이를 의식하는 것이 중요하다. 크기의 차이에 따라 분류를 할 수 있기 때문이다. 생명과학자는 그것을 계층이라고 한다. 계층이 있는 것, 즉 계층성은 생물을 이해하는 데 대단히 중요하다.

먼저 세포와 세포의 내용물은 단백질 등 고분자로 이루어진다. 몸의 재료다. 고분자라는 명칭은 물분자 등에 비해 복잡하고 크기 때문에 붙여졌다. 물분자는 저분자라고 부른다. 이런 단백질 등의 고분자가 생명의 가장 작은 계층을 만든다. 물론 분자 아래에는 원자가 있지만, 생명과학 연구에서는 현재 대상으로 삼는 일이 별로 없다(앞으로는 대상이 될 것이다). 고분자는 10^{-9}미터(10억분의 1미터)다. 우리가 상상하기 어려운 크기이므로 '엄청나게 작다'고만 기억해두자. 크기를 수치까지 기억할 필요는 없다. 나도 가끔 헷갈린다.

단백질은 세포를 논할 때 대단히 중요한 성분이다. 단백질이 생명의 크기 중 가장 작은 곳, 계층에서 가장 아래에 위치한다는 것을 대략적으로 머리에 넣어두자. 단백질과 같은 계층으로는 지질과 핵산이 있다. 그러나 우리 몸의 주인공은 단백질이다. 그 위에 '초분자 복합체'라는 것이 있다. 이것은 단백질이 많이 모인 존재다.

그 위에는 세포소기관(細胞小器管, Organelle: 세포 내의 원형질의 분화로 생긴 일정한 구조와 기능을 가진 부분을 칭한다. 세포내기관이라고도 한다—옮긴이)이 있다. 세포소기관은 이 책에 자주 등장하는 용어다. 용어의 한자 뜻을 보면 알 수 있듯이 세포소기관은 세포 안에 있는 장기와 같은 것이다. 모두들 학교에서 미토콘드리아에 관해서는 배웠을 것이다. 이런 세포들 속에 있는 기관이 세포소기관이다.

다음으로 드디어 세포가 등장한다. 세포소기관보다 한 단계 큰 계층이다. 크기는 수십 마이크로미터다(10만분의 1미터). 어떤가? 감각적으로는 알 수 있지 않은가? 세포가 있고 그보다 아주

그림 2. 몸속에 있는 것의 '크기'를 파악하자

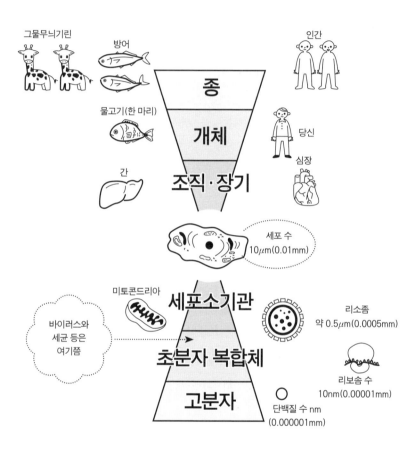

작은 세포소기관이 있고 그보다 더욱 작은 단백질이 있다.

그러면 이제 세포보다 큰 계층을 살펴보자. 세포가 모여서 생긴 것이 장기와 조직이다. 위와 간, 뇌 등이다. 이 계층은 우리 눈으로도 볼 수 있다. 여러분도 많이 보고 들어서 쉽게 상상할 수 있다.

이 장기와 조직의 상위 계층에 위치하는 것이 '개체'다. 하나하나의 몸이다. 개체의 상위 계층이 더 있다. 종(種)이다. 생물종을 말한다. 호모사피엔스(우리, 즉 인간이다) 등 여러 종류가 있다. 계층은 계층 간 상호작용을 한다. 세포 안에 세포소기관이 있고 그것은 단백질이나 지질 등으로 이루어진다. 세포, 세포소기관, 단백질이 모두 다른 계층이라는 점을 기억해두자. 이 차이를 모르면 이해하기가 쉽지 않고 헷갈릴 것이다. 반대로 차이점을 잘 알고 있으면 생명과학은 더이상 어려운 분야가 아니다.

생명의 특징은
계층성과 동적평형

생명의 특징은 이러한 계층성과 동적평형(Dynamic Equilibrium)에 있다. 동적평형이란 내용물이 변했지만 외형은 변하지 않는 것이다.

신경세포 등의 예외적인 경우를 제외하고 세포는 끊임없이 대체된다. 오래된 세포는 죽고 새로 태어난 세포가 그 자리를 대체한다. 하지만 겉보기에는 거의 변함이 없다. 정신을 차려보니 눈이 3개가 되었다거나 어른이 되고 나니 키가 3배가 되는 일은 없다는 뜻이다.

세포가 대체되는 현상을 이해하기 쉬운 예가 바로 피부다. 가장 바깥쪽은 때가 되어 떨어지고 안에서 새로운 세포가 태어난다. 그리고 뒤에 이야기하겠지만 세포의 내용물인 단백질과 세포소기관도 매일 대체된다는 것이 밝혀졌다.

강물이 계속 흐르지만 강이 존재하는 것같이, 사람도 존재하지만 내용물은 계속 바뀌고 있다는 뜻이다.

세포 내부는
사회다

인체 내부는 항상 변화하고 있다. 이때 변화하는 기본 단위는 세포다. 세포 자신이 변하고 세포의 내용물도 변한다. 여기서는 세포 내부에 대해 살펴보자.

나는 생명과학 중에서도 세포 내부를 연구하는 세포생물학을 전문분야로 연구한다. 세포 내부는 우리 세포생물학자에게는 우주와 같은 존재다. 대단히 작은 공간이지만 그 속은 무한히 넓다. 세포생물학자는 그곳에 뛰어들어 깊은 곳까지 잠수해 심해어보다 더 놀라운 발견을 한다. 말하자면 세포 잠수사다. 물론 실제로 잠수하진 않고 현미경 같은 다양한 도구를 이용한다.

세포 내부가 얼마나 복잡하고 정밀하며 무한한 가능성을 지녔는지 말하기 시작하면 끝없이 장대한 이야기가 되므로 간략하게 예를 들어 묘사해보겠다.

세포 속은 인간이 사는 '사회'와 흡사하다. 예를 들어 앞에서 나온 세포소기관은 공장이나 발전소, 병원 같은 시설이라 할 수 있다.

공장이나 발전소에는 거기서 일하는 사람이 존재한다. 세포라는 사회에서 일하는 사람에 해당하는 것이 단백질이다. 인간 사회에는 사람이 주인공이듯이 세포 내부에서는 단백질이 주인공이다. 단백질은 생명 활동을 맡아 열심히 일한다. 아까도 말했듯이 최소 계층으로서는 단백질뿐 아니라 지질과 핵산 등 여러 가지 성분이 있지만 뭐니 뭐니 해도 주인공은 단백질이다.

단백질이라고 하면 고기나 두부 같은 식품을 떠올릴 것이다. 실은 우리가 식사를 통해 섭취하는 단백질은 몸속에서 그대로 이용되지 않는다. 일단 아미노산으로 분해한 뒤 필요에 따라 단백질을 조립하는 재료와 에너지가 된다. 이것은 뒤에 자세히 설명하겠다.

여기서는 단백질은 세포의 중요한 요소이며 세포보다 꽤 작다는 것을 염두에 두자. 예를 들어 미토콘드리아는 세포소기관의 일종이며 생명 활동에 필요한 에너지를 만드는 발전소다. 인간 세계에서도 발전소에 비하면 인간은 크기가 작다. 즉, 미토콘드리아보다 단백질은 작다.

그리고 사람이 여러 가지 직종에 종사하듯이 단백질도 수만 종류가 있으며 각각 역할이 다르다. 인간과 다른 점은 사람은 어느 정도 직업을 선택할 수 있지만, 단백질은 태어나면서부터 직업이 정해져 있다는 점이다. 직업을 선택할 자유가 없다. 마치 봉건사회처럼 말이다. 세포 내의 세상에서 농민은 선비도 상인도 되지 못하고 계속 농민이다.

아무튼, 세포 안에는 세포소기관이라는 기관이 있으며 거기서 일하는 것이 단백질이다. 우리 몸의 37조 개나 되는 세포 하나하나의 내부에 하나의 사회가 있고 그곳에서 묵묵히 일하는 무수한 단백질에 의해 생명이 유지된다.

참고로 단백질에는 정해진 직업이 있을 뿐 아니라 세포와 세포소기관의 골조가 되는 요소도 있다. 인간 안에 건물의 철근이 있다고 하면 상당히 엽기적으로 들릴 수도 있지만 세포 내에서 단백질은 일꾼이자 건축자재이기도 하다.

세포 내의 사회는
'막'이 교통의 중심

지금까지 사회 내부의 기관(세포소기관)과 그곳에서 일하는 사람(단백질)에 관해 소개했다. 그런데 사회에는 물류가 중요하다.

인간 사회에 도로와 철도가 있듯이 세포 사회에도 각각의 세포소기관을 연결하는 교통망이 있다. 발전소나 공장 간에 연락망이 뻗어 있어서 단백질과 물자가 오간다. 여기서 중요한 것은 사회가 원활하게 소통되기 위해 그러하듯이 물류가 통제되어 있다는 점이다. 세포는 몇억 년 전부터 인간 사회의 물류망보다 효율적이고 대단히 질서정연한 물류망을 갖고 있다.

교통망이므로 원래 장소에서 목적지를 향해 운반된다. 각 장소에서 일하는 단백질이나 그 밖의 고분자가 운반된다. 기관에서 기관으로 이동하는 여러 경로가 있고 각기 이름이 붙어 있다. 참고로 내 전문분야인 '오토파지'는 그 교통망의 일부다.

세포에 있는 교통망은 '막(膜)'으로 이루어진다. 세포를 이해할 때 빼놓을 수 없는 용어가 앞에서 나온 단백질과 '막'이다. 원래 세포 자체도 막에 둘러싸여 있다. 세포소기관도 막에 둘러싸여 있다. 막이라는 봉지 속에 또 봉지가 있는 듯한 이미지다. 이 봉지 안에 다양한 작용을 하는 단백질이 들어 있다.

막은 지질이 모여서 이어져 있다. 지질은 크기로 보면 단백질과 같은 계층인데 그 지질이 엄청나게 많이 모여서 막을 형성한다. 건강진단할 때 많이 나오는 '콜레스테롤'이라는 단어는 지질의 대표적인 예다. 단백질이 세포의 주인공이라고 했는데, 지질도 세포의 중요한 일손이다.

세포의 막과 세포소기관의 막은 콜레스테롤 등의 지질로 이루어지며 콜레스테롤이 없으면 세포가 형성되지 않는다. 세상은 지질을 악당 취급하지만, 과다섭취하면 좋지 않을 뿐이다. 원래는 인간의 몸에 세포를 만들기 위한 필수 성분이다.

지질로 구성된 막, 이것이 세포 내부의 교통망이다. 여러분은 우선 막이 자유롭게 형상을 바꿀 수 있다는 점을 기억하자. 이것은 세포를 이해할 때 중요한 점이다. 비눗방울처럼 자유롭게 형태를 바꿀 수 있다. 굉장히 유연하다.

그리고 막은 반드시 봉지 모양을 하고 있다. 어딘가 한군데 뚫려 있는 것은 막이 아니다. 자유롭게 형태를 바꿀 수 있는 봉지를 상상하자. 그것이 세포이며 세포소기관이다. 형태를 바꿀 수 있으므로 세포에는 여러 가지 모양이 있으며 세포소기관에도 다양한 형상이 있다. 비눗방울 같다고 했지만 비눗방울처럼 약하진 않다. 물론 바늘로 찌르면 터지겠지만 저절로 터지진 않는다.

그리고 막은 분리하거나 융합할 수도 있다. 이렇게 해서 세포 내의 내용물을 수송한다. 안에 운반하고 싶은 것을 넣은 작은 막 봉지가 어떤 세포소기관에서 분리되어 목적지인 세포소기관 의 막과 융합해 거기서 내용물이 전달된다.

막의 형태는 역할에 따라 정해져 있다. 그것은 단백질이 결정 한다. 막 봉지의 바깥쪽에 단백질이 붙어서 막의 형태를 만든다.

다양한 교통망 가운데에는 '레일'도 있다. 이것도 단백질로 되어 있다. 단백질이 왜 중요한지 이제 알았을 것이다. 레일은 사방팔방으로 뻗어 있으며 그 위를 막 봉지가 타고 간다. 오르 막길도 내리막길도 있으며 참고로 '이름표'도 있다. 이름표를 확 인하고 목적지에서 출입시키는 '접수 담당'도 있다.

유전자는
단백질의 설계도

앞에서 단백질은 세포 사회에서 '인간'에 해당하지만 직업 선택의 자유가 없다고 했다. 그러면 직업은 무엇이 결정할까?

여러분은 유전자라는 말을 많이 들어봤을 것이다. 언론매체를 통해서도 유전자 치료, 유전자 조작과 같은 말을 접할 기회가 많다. 앞으로는 더욱 늘어날 것이다. 부모 자식이 서로 닮는 것도 유전 때문이라고 한다. 유전자가 인간의 특징을 결정하는 것임을 어느 정도 알 수 있다. 그렇다면 이 유전자는 대체 무엇일까?

아까 슬쩍 이야기했듯이 유전자는 '생명의 설계도'다. 즉, 단백질의 직업을 결정하는 것이 유전자다.

여러분은 '멘델의 법칙'을 학교에서 배워서 알고 있을 것이다. 1장에도 나왔지만, 멘델의 시대에는 세포 내부를 들여다보는 기술이 없었다. 그러나 유전자가 단백질의 설계도임을 발견할 수 있었던 것은 그 법칙 덕분이다.

예부터 부모 자식이 서로 닮는다는 것은 모두 알고 있었다. 멘델은 그것을 결정하는 무언가가 있을 것이라고 생각했을 것이다. 그것이 바로 유전자다.

물론 인간의 경우, 온갖 특징들이 섞여 있으므로 그 당시 기술로는 해명할 수 없었다. 그 대신 멘델은 완두콩의 특징(주름이 있는 것과 없는 것, 반점이 있는 것과 없는 것 등)이 어떤 요소(이것을 '엘레멘트element'라고 했다)별로 엮여 있고, 그 요소가 부모로부터 자식에게 전해지는 게 아닐까 생각했다. 이것이 멘델의 법칙의 기초가 되는 사고방식이다. 엘레멘트가 유전자라는 생각의 근원이 되었다.

주름이 있다, 반점이 있다 등을 '형질'이라고 하는데 그것을 결정하는 것, 즉 유전자가 있다고 추측한 것이다. 그리고 실제로 유전자가 존재했다. 완두콩의 주름 여부나 인간의 눈 색깔은 유전자가 결정한다. 인간의 경우 눈은 세포로 이루어지고 그 세포에서 일하는 것이 단백질이다.

그리고 기억해둬야 할 것이 있는데 하나의 유전자는 원칙적으로 하나의 단백질만을 결정한다는 점이다.

완두콩의 주름이나 반점 등의 형질은 단순하지만 더 복잡한 형질, 예를 들어 '머리가 좋다' 등의 형질은 수많은 단백질(즉 많은 유전자)이 일해서 만든다. 하지만 원리는 단순하다. 일반적으로 하나의 유전자는 하나의 단백질만 결정한다.

　참고로 사람에게는 2만 개가 넘는 유전자가 있다. 자꾸 반복해서 지겹게 들릴지 모르지만, 이것은 가장 중요하므로 다시 한 번 강조하겠다. 유전자가 단백질을 결정한다. 결정한다는 것이 어떤 의미인지 다음에 설명하겠다.

유전자는 DNA라는
글자로 쓰인 문장

유전자와 비슷한 말로 DNA가 있다. 최근에는 'DNA를 전수한다'는 말이 미디어에도 일반적으로 나온다. 선조의 기술이나 성과를 계승한다는 의미로 쓰인다.

그러면 DNA와 유전자는 어떻게 다를까?

"네? 같은 게 아닌가요?"

이런 목소리가 들리는 듯하다. 무리도 아니다.

DNA는 유전자가 되는 물질의 명칭이다. 간단히 예를 들자면 DNA는 알파벳이며 그 알파벳을 사용해서 쓰인 문장(글)이 유전자다. 알파벳에는 4가지밖에 없다. 외우지 않아도 되지만 A(Adenine, 아데닌), T(Thymine, 티민), G(Guanine, 구아닌), C(Cytosine, 시토신)다.

이 유전자의 알파벳이 모여서 어떤 단백질을 만들지 지시한다.

그래서 문장이라고 표현했다. 앞에서 유전자는 설계도라고 했는데 실제로는 그림이 아니라 문장으로 쓰여 있는 것이다.

그림 3. 유전자와 DNA의 차이

DNA는 글자

\ 글자는 4개뿐 /

(Adenine, 아데닌)　(Thymine, 티민)　(Guanine, 구아닌)　(Cytosine, 시토신)

　DNA는 서로 연결되어 이중 나선형 사슬이 된다(DNA사슬).

유전자는 문장

여러 모양으로 연결되어
각각 단백질의
지시서가 된다.

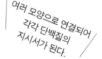

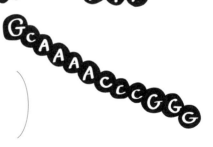

사실은 이것들이
길게 사슬처럼 연결되어 있다.

DNA는 데옥시리보 핵산(Deoxyribonucleic Acid)의 줄임말이다. 즉, 물질이다. 계층으로 말하자면 이것도 단백질이나 지질과 같은 크기의 고분자다. 가장 작은 계층이다.

그림 3을 보자. DNA는 글자이기도 하지만 그것이 주르륵 나열된 것도 전부 DNA라고 부른다. 글자는 많이 모여도 '글자'라고 부르는 것처럼 말이다. 이 나선형으로 세로로 연결된 2개의 선을 DNA사슬이라고 한다. 이것을 본 적이 있는 사람도 있을 것이다.

이 이중나선은 A, T, G, C라는 4개의 데옥시리보 핵산이 촘촘하게 붙어서 생긴다.

DNA사슬은 4종류의 알파벳이 주욱 붙어 있다고 상상하자. 이것은 얼핏 무작위로 ATTGAGCCA…… 이런 식으로 자유롭게 나열된 것처럼 보인다.

그러나 무작위하게 늘어선 듯한 4종류의 알파벳에는 의미가 있다.

이 배열은 실은 3글자가 한 세트다. 즉 3의 배수로 형성된다.

여기서 질문해보자. 아미노산을 알고 있는가? 아미노산은 단백질의 재료다. 아미노산이 일렬로 늘어서면 단백질이 된다. 그리고 이 아미노산은 DNA의 글자가 3개 늘어서서 지시된다. 예를 들어 AAA이면 리신, ATT면 아이소루신이라는 식이다.

예를 들어 헤모글로빈이라는 단백질이 있다. 적혈구라는 세포 안에 있으며 산소를 운반하는 일을 한다. 이 헤모글로빈은 140개 정도의 아미노산이 일렬로 연결되어 있던 것이 접혀서 생긴다.

몸속 수만 종류의 단백질은 각각 아미노산이 늘어선 모습이 변하면서 생긴다. 바꿔 말하면 아미노산이 늘어선 방식의 차이로 단백질의 성질이 결정된다.

즉, 헤모글로빈의 지시서인 헤모글로빈 유전자에는 세 글자 ×140의 DNA 글자가 늘어서서 헤모글로빈이라는 단백질을 결정하는 문장이 되는 것이다.

참고로 아미노산은 100종류 이상 있는데, 단백질을 만드는 아미노산은 20종류뿐이다. 그 20종류를 3개의 알파벳의 조합으로 결정하는 것이다.

4종류에서 3개를 나열하면 순열조합으로 4×4×4(4의 3제곱)으로 64가지나 된다. 아미노산은 20종류이며 하나의 아미노산에 대해서도 여러 개의 단어가 있다. 아까 AAA가 리신이라고 했는데 AAG도 리신이며 ATA와 ATC는 둘 다 아이소루신이다. 물론 이런 것까지 일일이 외울 필요는 없다.

이 아미노산들이 어떤 순서로 얼마만큼 이어져 있는지에 따라서 단백질의 형태와 크기, 움직임이 달라진다. 그것으로 단백질의 성질, 즉 직업이 결정되는 것이다. 산소를 운반하는 단백

그림 4. DNA가 3개 모여서 아미노산 하나를 나타낸다

각각이 아미노산

이 아미노산이 모이면
단백질이 된다.

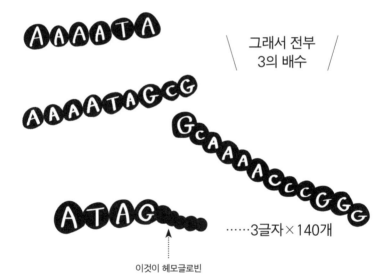

그래서 전부
3의 배수

······3글자×140개

이것이 헤모글로빈

질, 세포 내의 레일이 되는 단백질 등 각각 다른 역할이 주어진다.

아미노산이 5개만 나열되어도 20의 5제곱이라는 조합이 생긴다. 방대한 종류의 단백질을 만들 수 있다. 생명은 이렇게 대단히 기능적인 구조로 이루어진다.

하나의 유전자가
하나의 단백질을 만든다

중요한 내용이므로 여기서 다시 한 번 복습하자.

단백질을 결정하는 것은 'DNA 알파벳 3개가 줄을 서서 지시한 아미노산'이 '주르륵 줄을 선 것'이다. 그것을 유전자라고 부른다.

유전자에 의해 단백질이 결정된다. 그러므로 유전자는 단백질의 설계도라고 할 수 있다. 그리고 DNA의 이중나선은 이 여러 개의 유전자(설계도)가 줄줄이 이어져 있는 것이다. 유전자의 집합체다. DNA의 이중나선이 책이라면 유전자는 그 책에 쓰인 문장이다. 여기까지는 이해가 되었을까?

인간의 몸은 어느 곳이든, 눈도 손도 내장도 세포의 안팎에서 다양한 단백질이 작용하고 있다. 그러나 신체, 즉 세포를 형상화하는 것은 단백질만이 아니다.

막을 만드는 지질이나 유전자가 되는 DNA 등의 핵산도 필요하다. 그 밖에도 여러 가지 분자가 쓰인다. 그런데 그것들은 유전자로 규정되지 않는다. 어디까지나 유전자는 단백질뿐이다.

그렇다면 어떻게 해서 단백질 이외의 몸의 성분이 만들어질까?

여러분은 효소라는 단어를 알고 있는가? 위장에는 소화효소가 존재한다. 빨래할 때 쓰는 세탁세제에도 때를 분해하는 효소가 들어있다.

효소도 단백질이다. 그리고 영양과 오염된 성분을 분해할 뿐아니라 지질과 핵산을 만드는 등 엄청나게 많은 작용을 한다. 하나의 효소가 여러 가지 일을 하는 것이 아니라 작용(이것을 화학반응이라고 한다) 하나하나에 효소가 하나씩 있다. 따라서 효소의 종류는 무수히 많다고 할 수 있다.

이제 알았을 것이다. 몸은 단백질 이외의 것으로도 형성되는데 단백질만 유전자로 규정하는 것은 단백질(효소)이 그것들을 만들거나 흡수할 수 있기 때문이다. 이런 점을 봐도 단백질이 주인공임을 알 수 있다. 인간의 몸은 매우 복잡하지만 'DNA의 3글자로 단백질을 만드는 것'으로 전부 결정된다. 놀랄 만큼 단순하다.

DNA에서 어떻게
단백질이 생성되는가

여기까지 설계도에 관해서는 이해했을까?

그렇다면 "설계도에서 구체적으로 어떻게 해서 단백질이 생길까?"라는 의문을 품게 될 것이다. 설계도가 있다는 건 알겠지만 단백질이 어떤 식으로 생성되는지 몰라서 갸우뚱할 수 있다.

집을 지을 때도 설계도가 있다고 해서 집이 저절로 생기진 않는다. 목수가 나무를 갖고 오고 그 나무를 잘라서 조립을 해야 한다.

단백질은 집짓기보다는 단순하다. 설계도상 DNA 3글자의 암호에 따라 아미노산을 놓아간다. 인간의 세포에는 단백질을 분해하거나 효소로 만든 아미노산이 재료로 저장되어 있다. 그 아미노산을 줄 세워서 단백질을 만든다.

이때 설계도인 DNA 위에 직접 아미노산을 놓는 것은 아니다. 이것만 약간 복잡하다.

대부분의 DNA는 세포 속의 '핵'이라는 세포소기관 안에 수납되어 있다.

세포 안에서는 매번 모든 단백질이 생성되는 것이 아니라 그 때그때 필요한 단백질을 만든다. 그리고 만들 때 필요한 단백질을 코딩하는 유전자 부분만을 복사해서 핵 밖으로 가지고 나간다. 필요한 곳만 짧게 복사하는 것이다.

DNA는 2개의 사슬이 얽힌 이중나선 구조인데, 이 2개가 있다는 점이 아주 중요하다.

왜 2개일까? 정보를 복사하기 위해서다. 세포는 새로 생성될 때 분열하므로 갈리는 세포 각각에 유전자를 정확하게 전달해야 한다. 세포분열을 할 때는 이중나선이 일단 풀리고 한 개의 선에서 거울처럼 또 다른 한 개의 선이 복사된다.

단백질을 만들 때도 같은 방식으로 복사한다.

이러한 유전자 복사, 즉 mRNA(messenger-RNA)는 밖으로 나가서 그 복사한 내용을 해석하는 '번역계'에게 간다. 번역계는 "아, AGA가 줄 서 있구나"라고 설계도를 해석하고 그에 맞는 아미노산을 갖고 온다. 그다음에 AAA라고 나열되어 있으면 이번에는 다른 아미노산을 데리고 와서 줄을 세운다. 그러면 최초의 아미노산과 다음 아미노산이 물리적으로 결합한다. 그렇게 해서 단백질이 생긴다.

컴퓨터가 없었던 시절 인쇄물을 만들 때는 식자공이라는 사람이 금속활자를 하나하나 주워서 나열해 원고에 쓰인 문장을 만들었는데, 그런 느낌이다.

번역계란 많은 단백질이 모여서 생긴 '초분자 복합체'를 말한다. 계층을 설명할 때 나왔는데 계(係)라기보다는 번역장치라고 하는 게 낫겠다.

사이에 mRNA가 통과할 수 있는 틈새가 있는 형태이므로 나는 카세트테이프의 헤드를 연상한다. 유전자 복사라는 테이프를 읽고 그것에 맞는 아미노산을 데리고 온다. 그리하여 아미노산이 mRNA 위에 순서대로 한 줄로 선다. 수는 그때 만들고 싶은 단백질에 따라 달라진다. 100개일 수도 있고 200개일 수도 있으며 더 많을 수도 있다.

줄 서는 것이 끝나면 아미노산을 얹어놓은 설계도의 복사는 더 이상 필요 없어진다. mRNA 위에 놓인 아미노산은 이미 옆 친구들하고 딱 붙어 있으므로 흩어지지 않는다.

참고로 생성된 단백질은 자동적으로 접혀서 입체가 된다. 설계도는 평면이지만 그 위에 놓인 것은 입체구조가 된다는 점이 단백질과 설계도의 큰 차이점이다.

아미노산 하나하나의 성질이 다르므로 맨 처음에는 똑같이 한 줄로 서지만 그렇게 해서 완성된 모양은 전혀 다르다. 그리고 그 모양에 따라 역할(작용)도 달라진다.

이렇게 유전정보가 DNA에서 단백질로 전달될 수 있는 것은 생명의 기본 원칙이다.

가설 중에서도 상당히 진실에 가까우므로 센트럴 도그마(Central Dogma, 중심 교리)라는 엄숙한 느낌의 명칭이 붙었다. 도그마는 그리스어로 '의견, 결정'이라는 뜻이다. 이 정보의 흐름이 세포를 규정하고 나아가 생물을 규정한다.

단백질이
인간의 몸을 움직인다

자, 여기까지 오면 이제 분명하게 알았을 것이다. 인간의 세포는 단백질이 움직이고 있다는 것을 말이다. 인간에게는 수만 종류의 단백질이 있으며 역할에 따라 몇 가지 종류로 나뉜다.

꼭 외우지 않아도 되지만, 예를 들어 세포를 구성하고 조직과 기관 등 몸의 구조를 구성하는 구조 단백질이 있다. 이것이 바로 콜라겐이다.

또 물질을 생체 내의 다른 장소로 운반하는 운송 단백질이나 병원체에서 몸을 보호하는 면역 시스템을 담당하는 항체도 단백질이다. 참고로 항체에 관해서는 3장에서 자세히 다루도록 하겠다.

그리고 단백질의 종류로 봤을 때 가장 많은 것이 '효소'다. 단백질의 약 절반이 효소라고 한다.

효소에 관해서는 이미 말했지만, 몸속의 소화와 분해 등 화학반응을 촉진하는 촉매 역할을 한다. 촉매란 화학반응을 일으키면서 자신은 변하지 않는 것을 말한다. 기본적으로 다양한 화학

예를 들어 소화효소는 단백질을 아미노산으로 분해한다. 분해하거나 부술 뿐 아니라 만드는 효소도 많이 있다. 세포와 세포소기관을 감싸는 막을 만드는 효소도 있다.

인간의 몸은 복잡하지만 그 원리는 단순하다. 우리 몸에는 여러 가지 일을 담당하는 단백질이 있고 이 단백질에 의해 생물로서의 형태와 작용이 결정된다.

게놈은 한 인간을 만드는 데 필요한 유전자의 집합체

자, 지금까지 DNA와 유전자에 관해 이야기했다. DNA라는 물질(고분자)에 의해 형성되는 유전자는 우리 몸의 주성분인 단백질을 결정하는 중요한 설계도(지시서)였다. 이 점만 잘 알아두면 다음 장을 이해하는 데 아무 문제가 없다. 그런데 요즘에는 잘 등장하는 단어가 하나 더 추가되었다. 바로 '게놈'이다.

지금까지 몇 번인가 이 책에서도 게놈이라는 용어를 사용했다. 일부러 자세히 설명하진 않았는데 아마 여러분은 직관적으로 이해할 수 있었을 것이다. '유전자를 말하는 거겠지'라고 생각한 사람도, 'DNA일 거야'라고 생각한 사람도 있을 것이다. 게놈과 유전자, DNA는 그리 달라 보이지 않는다. 그런데 어떤 점이 다를까? 유사하지만 분명히 다른 점이 존재한다.

이제 여러분은 유전자와 DNA의 차이를 알고 있다. DNA의 집합이 유전자를 만든다. 그리고 게놈은 유전자의 집합 전부를 가리킨다. '그건 DNA사슬이 아니었나요?'라고 생각할 것이다. 그렇지 않다.

대략 설명하자면 '게놈은 한 인간을 만드는 데 필요한 정보의 집합체'를 말한다. 그리고 DNA사슬은 '물질'을 가리킨다.

CD에 비유하면 알기 쉬울 것이다. CD의 소재인 플라스틱이 DNA사슬이고, 게놈이 안에 들어가 있는 모든 곡, 즉 내용물이며, 한 곡 한 곡이 유전자. 책에 비유하자면 종이에 쓰인 문자열이 DNA사슬이고 게놈은 그 책이 어떤 정보에 관해 쓰여 있는지, 그 내용 자체를 가리킨다.

사람 한 명을 만드는 데 필요한 모든 정보를 게놈이라고 하므로 세포의 핵 속에 들어 있는 DNA사슬도 게놈이다. 그러나 실험실에서 인위적으로 아무 의미 없이 만든 DNA사슬은 게놈이 아니다. DNA는 하드웨어이고 게놈은 소프트웨어라고 생각할 수도 있겠다.

DNA사슬의 길이는 어느 정도일까? 그것을 직선으로 놓으면 지구를 몇 바퀴를 돌고도 남는다. 정확한 길이는 알 필요가 없지만 상상할 수 없을 정도로 길다고만 알아두자.

이렇게 기나긴 DNA사슬에 수만 종류의 유전자가 연속적으로 달라붙은 채로 이어져 있는 것은 아니다. 게놈과 게놈 사이에는 '틈새'도 있다. 물론 이 틈새(비암호화 영역Noncoding Region. 즉 DNA사슬이지만 단백질의 설계도 역할을 하지 않는 영역이다―옮긴이)는 단백질의 설계도 역할을 하진 않는다.

게놈은 틈새를 제외한 유전자 전체를 가리켰는데, 최근에는 틈새도 단백질 설계도와는 다른 작용을 하고 있다는 사실이 밝혀졌다. 여기서는 다루지 않지만 그 '틈새'도 분명 어떤 역할을 하고 있으니 '틈새'도 게놈으로 봐야 한다는 사람도 있다. 어느 쪽이건 '한 인간을 만드는 데 필요한 정보의 집합체'가 게놈인 것은 틀림없다.

그림 5. DNA, 유전자 그리고 게놈

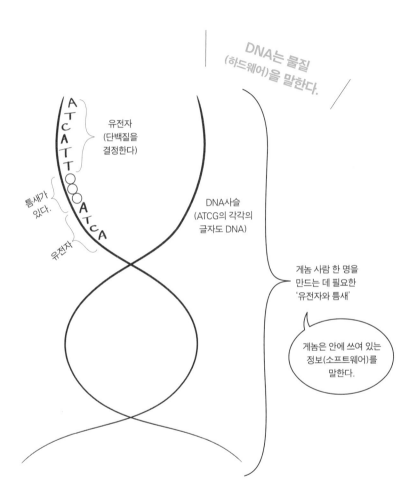

DNA는 물질 (하드웨어)을 말한다.

유전자 (단백질을 결정한다)

틈새가 있다.

유전자

DNA사슬 (ATCG의 각각의 글자도 DNA)

게놈 사람 한 명을 만드는 데 필요한 '유전자와 틈새'

게놈은 안에 쓰여 있는 정보(소프트웨어)를 말한다.

왜 세포가
생명의 기본인가

멘델의 시대부터 오랫동안 개념으로만 존재했던 유전자였지
만 지금은 DNA로서 인간의 몸에 실재한다는 것을 누구나 알고
있다.

세포핵 속에 DNA가 있다. 핵은 세포 내부에서 가장 큰 세포
소기관이다. 설계도를 수납하고 있다는 점에서 매우 중요한 장
소다.

게다가 핵 안의 DNA는 유전자 개수 등이 아닌 인간 한 명을
만드는 데 필요한 유전정보 전부, 즉 게놈을 구성한다. 인간의
약 37조 개의 모든 세포 하나하나에 게놈이 있는 것이다.

그런데 사실, 한 세대 전까지만 해도 유전자 정보는 난자와
정자에만 있다고 생각했다. 난자와 정자를 생식세포라고 하는
데, 거기에만 게놈이 있다고 생각한 것이다. 인간이 태어나는
것은 난자와 정자가 있기 때문이니 그 점을 생각하면 합리적인
추론이라고 할 수도 있겠다.

그런데 최근 거의 모든 세포에 게놈이 있다는 것이 밝혀졌다.

여러분의 피부에서 아이가 태어나진 않지만, 피부 세포를 하나 채취해서 현대 기술을 이용하면 또 하나의 여러분을 만들 수 있다. 마치 고대 신화 같지 않은가. 이것은 과학사 중에서도 대단한 발견이다.

'거의 전부'라고 했으니 예외도 있다. 예를 들어 산소를 운반하는 적혈구라는 세포는 금방 죽어버리며 게놈을 갖고 있지 않다. 원래는 갖고 있었지만 그 기능을 상실했다. 그렇지만 처음에는 갖고 있었으므로 모든 세포가 게놈을 갖고 있다고 해도 틀린 말은 아닐 것이다.

참으로 신기하지 않은가. 더 이상 필요하지 않을 텐데도 모든 세포에는 게놈이 존재한다. 왜인지 이유는 아직 모르지만 그 점 때문에 '세포가 생명의 기본 단위'임이 성립된다.

세포가 생명의 기본이라는 것은 가설 중에서도 한없이 진실에 가까운 철칙이라고 했다. 세포 하나하나에 인간 한 명을 만드는 데 필요한 모든 정보가 들어 있기 때문이다. 인간의 경우 윤리적인 문제가 있으므로 실행하지 않지만 양의 유선(乳腺) 세포를 이용해 양을 복제하는 데 성공한 예가 이미 존재한다. 돌리라는 이름이 붙은 양이 태어난 것은 생식세포 이외의 세포에 게놈이 존재한다는 것을 인과관계로써 증명한 예다.

DNA의 존재는 20세기 중반에 밝혀졌지만 인간의 유전자가 2만 몇천 개 있다는 것을 알게 된 것은 고작 20년 전인 2000년대 초였다.

여기서 하나 중요한 점이 있다. DNA라는 '책'의 존재나 유전자라는 '글'이 많이 주르륵 나열되어 있다는 것은 알았지만, 모든 '글'의 의미가 무엇인지는 아직 밝혀내지 못했다.

인류가 탄생한 지 700만 년이 지났지만 우리 몸은 아직 모르는 점투성이다. 뒤집어 말하면 우리 몸에는 우리 자신이 아직 모르는 가능성이 잠들어 있다고도 할 수 있다.

유전정보에는
꽤 많은 오류가 발생한다

지금까지 나는 인간의 몸에는 다양한 단백질이 있으며 각기 다른 작용을 한다고 설명했다. 그리고 그 단백질이 어떻게 일하는지, 그 직업을 결정하는 것이 유전자다. 유전자가 단백질의 설계도인 셈이다.

유전자는 설계도이므로 거기에 쓰인 내용이 변화하면 당연히 다른 단백질이 생성되거나 생성되지 않기도 한다. 그런데 이 변화는 실제로 종종 일어난다. 심지어 상당히 자주 있다.

단백질은 DNA의 알파벳 3가지로 규정되는 아미노산이 여러 개 모여서 생긴 것이다. 그런데 DNA의 단어가 다른 것이 되는 경우가 있다. 이것을 변이라고 한다.

세포가 둘로 분열할 때 앞에서 말했듯이 DNA의 이중나선이 풀리면서 각기 하나씩 복제를 하는데, 그때 잘못 복사되는 일이 발생한다.

또 이 분열하고 복사할 때 외에도 유전자의 글자가 틀리는 경우가 있다. 우리가 일상 생활을 하면서 예를 들어 방사선을 쬐거나 특정 화학물질을 흡수하는 등 충격을 받으면 유전자의 글자가 변하는 것이다.

글자가 변하면 당연히 뜻이 변하기 때문에 단백질을 생성할 수 없게 되거나 다른 단백질이 된다. 참 난감한 일이다.

실은 그런 상황을 방지하기 위해 인간의 몸은 실수를 정정하는 시스템을 갖고 있다. 마치 문장의 오류를 발견해서 정정하는 '교열 부서'와 같은 단백질들이 존재하는 것이다. 오류가 났는지 어떻게 알까? 이중나선이므로 서로 대조하여 확인하면 된다.

그러나 아무리 교열 전문이라고 해도 오자를 놓치고 그냥 지나치기도 한다. 그 경우 틀린 글자가 생겼지만 문장의 의미는 변하지 않는다. 즉, 단백질에 변화가 없거나 변화가 있다 해도 단백질이 하는 일에 지장이 없다는 뜻이다.

그러나 틀린 장소가 좋지 않으면, 무척 중요한 단백질을 만들 수 없게 되어 세포가 죽는 일도 있다.

세포가 죽으면 인간은 병이 들거나 최악의 경우 죽음에 이른다. 생식세포의 DNA에 그런 오류가 생기면 태아가 생기지 않거나 유산할 수도 있다. 엄마가 자신이 임신한 것을 알아차리지 못한 사이에 태아가 죽는 경우도 있다. 죽지 않고 태어나기도 하지만 병이나 장애를 갖고 태어날 수도 있다.

단 한 글자가 달라졌을 뿐이지만 그 정보를 바탕으로 단백질과 세포가 생성되므로 이것은 큰 문제다.

대부분은 교열 부서가 잡아내어 수정하지만 만에 하나 확인하지 못하고 놓칠 경우, 그 결과가 치명적일 수도 있고 또는 별일 없이 지나가기도 한다. 이것은 운에 맡길 수밖에 없다.

틀린 글자로 인해

진화가 시작된다

다만 이 복제 실수에 의한 변이는 장기적으로 생각하면 반드시 부정적이라고만 할 수는 없다. 실은 긍정적인 면도 있다. 변이로 인해 의도하지 않은 뛰어난 단백질이 생성될 수도 있기 때문이다. 우리는 이것을 '진화'라고 부른다.

유전자의 한 글자가 바뀌면 인간은 ① 병에 걸리거나 ② 아무 일도 일어나지 않거나 ③ 진화한다. 이 3가지 중 하나가 발생한다. 그리고 그중 무엇에 해당할지는 아무도 모른다. 무작위로 일어나기 때문이다.

이것은 대단히 신기한 현상이다. 무작위로 일어나는데도 생물은 전체적으로 보면 멸종하지 않고 진화를 거듭하고 있기 때문이다.

무작위인데
어떻게 진화하는 것일까

인간은 어떻게 진화를 거듭해왔을까? 이것은 많은 이가 예부터 수없이 던져온 질문이다. 이 질문에 대한 가설이 진화론이다. 여러분도 찰스 다윈의 진화론을 들어본 적이 있을 것이다.

과학은 답이 아니라 모두 가설이며 가장 확실해 보이는 가설이 뛰어난 가설이라고 설명했다. 다윈의 진화론도 물론 답이 아닌 가설이다. 그 가설을 놓고 지금도 논쟁이 계속되고 있다.

다윈이 제창한 '자연선택설'은 뛰어난 가설이다. 이는 자신이 속한 환경에 잘 적응한 생물이 많은 자손을 남기므로 그 특징이 확산된다는 생각이다. 즉, 무작위로 일어나는 변이가 어쩌다가 그 생물이 있는 환경에 적합하다면 그 생물은 생존하는 데 유리해진다는 뜻이다.

의료행위가 존재하지 않는 자연 속에서 특히 그 환경에 맞게 강하고 병에 걸리지 않는 개체만이 남아서 자손을 남기고 유전자가 전해진다는 것이 다윈의 진화론이다. 그렇지 않은 개체는 죽어가므로 진화가 일어난다는 것은 곧 살아남는다는 말이다.

실은 이 가설에도 반론이 있다. 1960년대, 일본 국립유전학연구소의 기무라 모토(木村資生)는 대다수의 진화는 유리하지도 불리하지도 않은 중립적인 변이가 우연히 집단으로 퍼진 결과라고 주장했다. 이것을 '중립 진화론'이라고 한다. 자연선택설 학파와 격렬한 논쟁이 붙었는데, 지금은 대부분 중립적이고 일부 유리한 변이에 자연선택설이 적용된다고 생각한다. 물론 이것이 최종 결론은 아니다. 보통 가설의 확실성은 실험으로 재현하여 확인하는데 진화만큼은 재현할 수 없기 때문이다.

생물에 변이가 켜켜이 쌓여 날개가 생겼듯이 진화는 몇백 몇천만 년에 걸쳐 일어난다. 변이가 켜켜이 쌓인다고 했지만 이것도 확실하지 않다. 아마도 처음에는 하나의 유전자가 변이되어 일어났겠지만 어떻게 해서 그것이 쌓이는지는 잘 알 수 없다. 진화론은 완벽하게 검증할 수 있는 가설이 아니므로 논쟁은 앞으로도 계속될 것이다. 세상에는 그런 분야도 있다.

생물은 모두 다르다는 것이 중요하다

이렇게 생물의 진화가 왜 일어나는지는 아직 확실하지 않지만 한 가지 분명한 점이 있다. 그것은 생물의 생존에는 다양성(Diversity)를 빼놓을 수 없다는 것이다. 다양성이야말로 생명을 존속시키는 법칙이다.

현대 사회에서는 성별과 국적, 나이를 묻지 않는 다양성이 조직을 발전시킨다는 논리가 힘을 얻고 있는데, 생물학에서의 다양성은 '생물의 유전적 다양성'을 가리킨다.

왜 다양성이 중요한가 하면 어느 생물 집단이 생존하려면 여러 가지 유형이 있는 편이 유리하기 때문이다. 예를 들어 단일민족이라 불리는 한국인도 개개인은 다른 유전자를 갖고 있다. 인종이 다르면 그 차이는 더욱 확연해진다. 환경은 항상 변하기 때문에 어떤 일이 일어났을 때 유전자가 균일하면 절멸할 수도 있다. 다양성을 가진 생물 집단이 살아남을 가능성이 크다.

'나치스의 우생학'을 들어봤는가? 뛰어난 유전자를 보유한 사람을 늘리고 열등한 사람을 배제함으로써 사회를 개량한다는 사상인데, 이것은 생물학적으로 대단히 이상한 논리다.

일단 무엇을 뛰어난 유전자로 정의하는가 하는 것부터가 문제다. 나치스의 우생학은 키가 큰 백인 아리아인이 가장 우량하다고 간주했다. 그들은 유대인뿐 아니라 신체장애인도 대거 학살했다.

그러나 이런 생각은 생명과학의 관점에서 보면 잘못된 생각이다. 다양성이 없으면 죽음에 이르는 것이 생명의 본질이기 때문이다.

장애인 문제는 최근 일본에서도 논쟁이 벌어진 바 있다. 장애인 시설에서 예전에 일했던 사람이 입소인을 살해하는 사건이 있었다. '장애인의 유전자를 남기지 마라', '살 가치가 없는 생명에 의료자원을 투입하지 마라'라고 외치는 사람은 옛날부터 있어왔다.

그러나 생명과학의 관점에서 보면, 여러 가지 유전자를 지닌 사람이 많을수록 인류는 절멸하지 않으며 무엇이 진화에 도움이 될지 모르기 때문에 다양한 특징이 있는 편이 좋다. 사람은 그저 그곳에 있는 것만으로 모든 생명에 도움이 된다는 말이다. 살아 있을 가치가 없는 생명은 존재하지 않는다. 물론 본인에게 고통스럽다는 점은 별개의 문제지만 말이다.

좀 더 근본적인 이야기를 하자면 '열등하다', '우수하다'를 판단하는 것은 그리 간단하지 않다. 현대 선진국의 감각에서 열등하게 보이는 것을 배제하는 것이 생명과학적으로 보면 좋지 않은 경우도 있다.

병에 걸리는 것도 부정적인 측면만 있는 것은 아니다. 알기 쉬운 예를 들자면 겸상적혈구성빈혈이라는 질병이 있다. 아프리카 지역 사람들이 많이 걸리는 병인데 이 병에 걸리면 유전자 변이로 적혈구가 낫 모양으로 변한다.

적혈구는 혈액에서 산소를 운반하는데 보통은 원형을 띠면서 약간 패여 있다. 옴폭하게 패여서 표면적을 넓혀야 산소를 많이 운반할 수 있기 때문이다.

그러나 이 질병에 걸리면 헤모글로빈 유전자의 이상으로 적혈구가 낫 모양으로 변해버린다. 그러면 산소를 운반하기 어려워져서 빈혈이 된다. 그저 유전자가 한 글자 틀렸을 뿐이지만 빈혈이 생겼으니 병이다. 두 개 있는 유전자가 양쪽 다 변이하면 중증이 되고 하나만 변이하면 일상생활을 하는 데 지장이 없을 정도로 가벼운 증상만 나타난다.

그런데 흥미롭게도 겸상적혈구성빈혈 유전자가 있는 사람은 여간해선 말라리아에 걸리지 않는다. 말라리아는 매개체인 말라리아원충을 가진 모기가 전염시킨다. 모기가 인간을 물었을 때 혈액 속에 말라리아원충이 들어가면 적혈구 속에서 증식하는데, 겸상적혈구 속에서는 원충이 자라기 어렵다.

하나의 유전자가 변이했을 뿐인 겸상적혈구빈혈은 저산소로

빈혈이 될 뿐 일상생활을 유지할 수 있다. 그러나 말라리아에 걸리면 죽을 수도 있다. 이렇게 환경에 따라서는 병을 일으키는 유전자도 나쁘기만 한 것은 아니다.

나는 선천성 색각 이상인 '적록 색약'이다. 색각 이상은 얼마 전까지만 해도 과학적 근거 없이 취업이나 결혼을 할 때 걸림돌로 작용했다.

하지만 색각 검사표에는 적록 색약인 사람밖에 읽지 못하는 글씨가 있다. 이것은 열등한 게 아니라 다른 능력이라고 볼 수도 있지 않을까?

색각을 다루는 과학이 발전해 정상인 사이에도 차이가 있으며 정상과 이상의 경계가 따로 존재하지 않는다는 점, 색각 이상은 원숭이에서 인간이 된 뒤에 나타난 유전자 변이라는 점, 즉 진화일 수도 있다는 것이 밝혀졌다. 일본유전학회는 색각 이상이 아닌 색각 다양성이라고 불러야 한다고 주장한다. 여담이지만 이런 예도 있다.

인류도 언젠가는
절멸한다

생명은 30억 년 전에 탄생했다. 그에 비해 인류는 아무리 길게 잡아도 700만 년 전에 탄생했다. '고작 700만 년'이라고 하면 이상하게 들릴 수 있겠지만 공룡이 존재했던 시간은 약 1억 6,000만 년이나 된다. 인류의 20배 이상 길다.

지금까지 엄청난 수의 생물종이 절멸하고 새로운 종이 나타났다. 종의 계층도 치열하게 전환되고 있다. 인간이라는 종도 언젠가는 절멸할 것이다. 그러나 인간으로부터 진화한 다른 종의 생물이 뒤를 이을 것이다. 생명은 굳건히 이어진다. 지구가 멸망해도 우주로 날아가 생을 지속하지 않을까?

또한 인간이라는 종은 존속해도 한 명 한 명의 개체는 그렇지 않다. 병에 걸리고 나이를 먹어서 죽는다. 노화와 죽음은 불쾌한 사실이다. 병도 물론 피하고 싶은 일이다.

병, 노화, 죽음은 세포에서 일어난다. 세포 속에는 항상 그 질서를 망가뜨리려 하는 적이 있다. 다음 장에서는 세포와 질병, 세포와 노화의 관계를 살펴보자.

연구가 꼭 무언가에
도움이 되어야 하는 것은 아니다

"선생님의 연구는 무엇에 도움이 되나요?"

연구자 대부분은 이런 질문을 받으면 대답이 궁해진다.

나는 연구라는 것이 꼭 무언가에 도움이 되어야 하는 것은 아니라고 생각한다.

"연구자는 사회에 도움이 되기 위해 연구하는 거 아닌가요?"

내 말을 듣고 이렇게 놀라는 사람도 있을 것이다. 그러나 연구자는 반드시 무언가에 도움이 되기 위해 연구하는 것은 아니다. 예를 들어 내 은사이신 오스미 요시노리 교수는 노벨상을 받았다. 하지만 그는 '무언가에 도움이 되기 위해 연구를 해서는 안 된다'고 말했다.

오스미 교수는 인류의 복지에 공헌하기 위해 연구자가 된 것이 아니다. 노벨상을 수상하기 위해 연구한 것은 더더욱 아니다. 연구자는 여러 유형이 있지만 오스미 교수는 전형적인 '저기에 산이 있으니까 오르는' 유형이다. 즉 수수께끼가 있으면 그것을 풀고 싶은 것이다. 왜 그런지 알고 싶어서, 어떤 미지의 일을 밝히기 위해 밤낮을 가리지 않고 몰두했는데 그 결과가 어쩌다 노벨상을 받을 만하다고 평가된 것이다.

도움이 된다고 생각하지 않았던 연구가 도움이 되거나 본인이 의도한 바와 전혀 다른 형태로 그 연구가 도움이 되는 일도 있다. 오스미 교수가 상을 받은 지 2년 뒤에 노벨생리의학상을 받은 혼조 다스쿠(本庶佑) 교수는 새로운 암 치료제 개발에 공헌했다고 평가받았다. 그런데 그 계기가 된 'PD-1(Programmed cell Death protein-1)'이라는 단백질은 원래는 전혀 다른 연구를 하다가 우연히 발견한 것이다.

알렉산더 플레밍이 페니실린을 발견한 것도 우연이었다. 어느 날 그는 실험실에 방치된 이미 사용한 배양접시를 버리려고 했다. 그때 노란색 포도구균의 배양접시가 있었는데 거기에는 곰팡이가 피어 있었다. 그는 그 곰팡이 주위가 투명하다는 것을 알아차렸다. 즉 곰팡이가 어떤 것을 방출하고 있고 그것이 균을 죽이고 있었다. 그 '어떤 것'이 바로 페니실린이었다. 우리의 현대 생활에 불가결한 페니실린도 처음부터 의도한 발견은 아니었다.

어떤 것에 도움이 될지 안 될지는 모르지만 자신이 흥미를 갖고 조사한 것이 생각지도 못한 대발견이 되어 결과적으로 어떤 것에 도움이 되는 일도 있다. 반면 도움이 되려고 생각하여 연구했지만 아무런 성과가 나지 않는 일도 흔하다. '어떤 일에 도움이 되는 연구만 지원하겠다'는 방침은 자칫 대발견을 할 기회를 버리는 일일 수도 있다.

3장

병을 알아보자

세포가 이상해지면
병에 걸린다

"오늘 몸이 안 좋네. 왜 이러지?"

그런 날 여러분의 몸속에 있는 세포는 틀림없이 이상해져 있다. 앞에서 생명의 기본 단위는 세포라고 했다. 모든 질병은 세포가 평소와 다르게 변하면서 일어난다. 병이라고 느낄 때는 이미 세포에 어떤 일이 생긴 것이다. 즉, 세포를 이해할 수 있으면 병도 이해할 수 있다. 2장에서 세포의 기본적인 개념을 알게 되었으니 이번에는 누구나 관심이 많은 병에 관해 살펴보자.

세포가 이상해졌다는 표현을 썼는데, 여기에도 여러 유형이 있다. 세포가 죽거나 세포가 지나치게 활발한 것 등 다양하다. 여기서는 '세포가 이상해지는' 대표적인 예만 소개하겠다. 이것을 알면 여러분에게 친숙한 감기나 암, 알츠하이머, 당뇨병, 뇌경색 같은 병도 이해할 수 있다.

우리 몸에는 뛰어난 복원력과 방어력이 있다. 우리 몸에서는 매일 화재와 폭우에 노출되는 수준의 사건이 일어난다. 그런 한편으로 사건이나 재해가 발생해도 피해를 크게 키우지 않고 잠

잠하게 하는 방위대가 대기하고 있다.

이 장에서는 여러 가지 질병과 그 상태와 관련된 세포에 관해 배울 것이다. 그렇게 함으로써 그 병에 대해 깊게 이해하고 세포에 관해서도 자세히 살펴볼 수 있다.

어제의 몸과 오늘의 몸이 다르지 않은 것은 세포 덕분이다

인간의 몸에는 항상성이라는 특징이 있다. 이것을 간단히 말하면 몸을 일정한 상태로 유지하는 것이다. 그 덕분에 우리 몸의 체온과 체중은 일정한 범위에서 왔다 갔다 하며 크게 벗어나지 않는다.

물론 평소에는 항상성을 의식할 일이 거의 없지만 몸에 이런 조절 작용이 있다는 것은 느낄 것이다. 그래서 우리는 체온이 39℃가 되면 평소와 다르다는 것을 알아차리고 체중이 갑자기 5킬로그램 감소하면 병이 있는 게 아닌지 의심한다.

항상성을 유지하기 위해 작동하는 것이 세포다. 2장에서 유전자를 잘못 베껴도 교열 담당이 있어서 그 실수를 복원하는 기능이 있다고 했는데, 그것도 항상성의 일종이다.

만약 항상성을 잃으면 몸은 자신의 상태를 일정하게 유지하지 못한다. 즉, 병에 걸린다. 또한 세포가 항상성을 잃는 원인은 여러 가지가 있다.

세포가 이상해지는 데는

몇 가지 패턴이 있다

'세포가 이상해지는' 경우 중 가장 큰 비중을 차지하는 것은 세포가 죽는 경우다. 그 원인은 셀 수 없이 많지만 전부 거론할 수는 없으므로 대표적인 것만 살펴보자.

- 세포 내에 단백질 덩어리가 쌓여서 죽는 것
- 바이러스 등 병원체에 죽임을 당하는 것
- 세포 내의 '원자력 사고'를 원인으로 세포가 죽는 것

어떤 조직이나 장기의 세포가 몽땅 죽어서 병에 걸리는 것을 '변성질환'이라고 한다. 이것은 신문에도 종종 나오는 용어이므로 귀에 익은 사람도 있을 것이다. 그중에서도 가장 유명한 것이 신경변성질환으로 알츠하이머병과 파킨슨병이 대표적이다. 이것은 뇌의 신경세포가 하나씩 죽어가며 없어지는 병이다.

뇌에는 신경세포가 꽉 차 있다. 그런데 알츠하이머인 사람의 뇌를 컴퓨터 단층촬영(CT)로 찍어보면 세포가 죽어서 듬성듬성

틈이 생겨 있다.

뇌 외에도 변성질환은 인간의 장기 대부분에서 일어난다.

신경변성질환은 단백질 덩어리가 쌓인 결과 세포가 죽어서 생기는 경우가 많다. 단백질은 세포의 일꾼이지만 딱 붙어서 굳으면 일을 하지 않을 뿐 아니라 세포의 다양한 기능을 방해해 죽음으로 내몬다.

바이러스는
원래 무엇일까

다음은 바이러스 등의 병원체에 죽임을 당하는 경우에 관해 살펴보자. 바이러스가 세포를 죽이는 원리를 설명하기 전에 바이러스는 원래 무엇인지부터 알아야 한다. 바이러스의 구조는 매우 단순하다. 기본적으로 게놈과 그것을 싸고 있는 껍질로 이루어져 있다.

2장에서 배운 내용을 떠올려보자. 우리 인간은 각각의 세포 속에 있는 유전자라는 설계도를 바탕으로 몸속에 있는 아미노산을 연결하여 단백질을 만든다고 했다. 그러나 바이러스는 게놈과 껍질만 있는 단순한 구조다. 번역 장치도 없고 번역에 필요한 에너지를 만드는 시스템도 없다. 즉, 게놈을 복사하는 것까지는 할 수 있지만 단백질을 만들지는 못한다. 그래서 바이러스를 생물로 규정하지 않는 연구자도 많다. 생명의 기본인 스스로의 힘으로 증식하는 '자립'을 하지 못하기 때문이다.

그렇다면 바이러스는 어떻게 해서 생존할까? 놀랍게도 바이러스는 다른 생물의 세포에 침입해 침입한 세포 내에서 그 세포의 번역 장치 등을 이용해 자신의 단백질을 만든다.

바이러스는 공기 중이나 물 속에서는 얼마간 구조를 유지할 수 있다. 그러나 그 상태에서 증식하진 못한다. 그러면서 시간이 지나면 비활성화된다. 비활성화는 생물의 경우 죽는 것을 의미한다(바이러스는 생물이 아니므로 공식적으로는 죽는다는 표현을 쓰지 않는다).

즉, 바이러스로서는 다른 생명체의 세포 속으로 들어가기 위해 노력할 만한 이유가 있는 것이다. 인간을 감염시키는 바이러스는 인간의 세포 속에 침입해 자신의 게놈(유전자는 3~300개 정도로 무척 적은 숫자다)을 많이 복사한다. 그런 뒤 그 유전자로부터 숙주의 번역 장치를 이용해 껍질인 단백질 등을 만든다.

그렇게 해서 다른 생물의 세포 속에서 하나씩 하나씩 부품을 만든다. 그것들이 최종적으로 집합해 다수의 새로운 바이러스가 된다. 그런 식으로 늘어난 바이러스는 다른 세포들을 차례차례 감염시킨다. 세포에서 나올 때 바이러스가 세포막에 구멍을 내서 세포를 죽이는 일도 있다. 영화 〈에일리언〉에서 에일리언이 인간의 배를 뚫고 나오는 장면을 상상하면 된다.

인간을 감염시키는 바이러스는 극히 일부지만 바이러스는 지구상에 무수히 존재한다. 바이러스는 살아 있는 세포에서만 생존할 수 있으므로 숙주가 죽으면 자신도 죽는다. 독성이 강한 바이러스도 있는데 숙주에 대한 독성을 서서히 잃어가는 것들도 많다. 물론 이것은 바이러스 자신이 살아남기 위해서다. 그 점을 생각하면 신형 코로나 바이러스도 독성을 잃어갈 가능성이 있다.

유명한 이야기인데 인플루엔자 바이러스는 본래 야생 물새의 몸속에 서식했다. 그러나 물새가 바이러스에 감염되어도 지금은 독감 증상이 나타나지 않는다. 사람도 예전만큼 독감으로 죽지 않게 되었다. 이것은 바이러스의 생존 전략 때문이다.

왜 바이러스로
병에 걸리는가

그러면 왜 바이러스로 인해 병해 걸리거나 죽는 것일까? 앞에서도 언급했듯이 바이러스는 독성이 강한 물질이기 때문이다. 독성에는 여러 가지가 있는데 예를 들어 대량의 바이러스를 만들기 위해 세포 에너지나 번역 장치를 훔치고 그 결과 세포가 소멸하는 것도 독성 때문이다.

또 숙주에 있는 면역 시스템(뒤에 설명하겠다)이 바이러스가 있는 세포를 죽여버리기도 하고 이 면역 시스템의 과잉 반응으로 사람이 사망할 수도 있다.

참고로 코로나19에 걸린 사람들 중에는 면역 과민 반응의 일종인 사이토카인 폭풍(Cytokine Storm, 인체에 바이러스가 침투하였을 때 면역 물질인 사이토카인이 과다 분비되어 정상 세포를 공격하는 현상—옮긴이)으로 사망한 경우도 있다.

미토콘드리아가 파괴되면
암이나 심부전증이 될 수 있다

다음에는 세포 내의 '원자력 사고'를 원인으로 세포가 죽는 경우를 살펴보자. 물론 이것은 비유다. 세포 내에 원자력 발전소 같은 것은 없다. 세포의 세포소기관 중 미토콘드리아가 있다는 것을 기억하는가? 에너지를 만드는 존재다.

에너지를 만드는 발전소 같은 존재인 미토콘드리아의 힘은 매우 강력하다. 거의 원전과 맞먹는 위력이 있다. 미토콘드리아가 파괴되면 원전이 파괴되었을 때 위험한 방사성 물질이 유출되듯이 '독'이 나온다.

이게 무슨 독일까? 하나는 활성산소다. 활성산소가 몸에 나쁘다는 것은 이미 많이 알려진 사실이다. 활성산소가 노화를 촉진하고 대사증후군의 원인이 된다고 말이다.

실은 활성산소가 무조건 나쁜 것은 아니다. 활성산소는 체내에 침입한 세균이나 바이러스의 공격으로부터 몸을 지켜주는 중요한 물질이다.

미토콘드리아가 에너지를 만들 때는 활성산소가 발생한다.

활성산소는 산화라는 화학반응을 일으키는 힘이 대단히 강하다. 미토콘드리아에 구멍이 나서 활성산소가 빠져나가면 여기저기서 산화작용을 일으켜 우리 몸에 해를 입히고 세포 기능을 손상하거나 세포 자체를 파괴할 가능성도 있다.

즉, 미토콘드리아가 손상되면 활성산소를 제어하지 못하는 것이다. 유출된 활성산소가 심장 세포를 손상시켜 심부전증을 일으킨다는 가설도 있다.

활성산소는 다른 물질에 쉽게 반응하는 성질이 있다. 그러므로 활성산소는 단백질이나 지질, DNA 등에도 나쁜 영향을 미친다. DNA의 경우 유전자 변이가 일어나 여러 질병을 유발한다. 뒤에 살펴보겠지만 암도 유전자 변이로 인해 일어나는 질병이다.

세포는 때로
자살한다

미토콘드리아가 손상되어서 유출되는 '독'은 그 밖에도 또 있
다. 세포를 자살하게 하는 물질이다. 여러분, 놀랄 수도 있지만
세포는 자살한다. 최근에 밝혀진 바에 따르면, 생물은 제거되어
야 하는 세포를 신속하게 사멸시켜서 주위에 입히는 타격을 최
소화하는 메커니즘을 갖고 있다. 몸 전체를 위해 자신을 희생하
는 것이다.

인간은 태아일 때 손가락과 손가락 사이에 물갈퀴가 있다는
사실을 알고 있는가? 그런데 이 세상에 나왔을 때 그 갈퀴는 이
미 사라지고 없다. 물갈퀴는 물속에서 살 때는 필요하지만 육지
에서 살 때는 필요가 없기 때문이다. 물갈퀴는 태아기에 손가락
사이에 아포토시스(Apoptosis, 세포예정사)라는 '세포사(死)'가 일어
나 세포가 제거됨으로써 없어진다. 그 세포는 태아가 배 속에서
나오기 전에 죽음에 이를 것으로 애초에 정해져 있다. 이런 현
상을 프로그램 세포사라고 한다. 필요에 따라 죽는 프로그램을
내장하고 있다는 뜻이다.

세포사는 세포가 바이러스에 감염되었을 때도 나타난다. 감염된 세포가 자폭하여 바이러스와 함께 죽는 경우다.

그런데 미토콘드리아에 구멍이 뚫리면 '자살'을 유도하는 물질이 유출된다. 그래서 죽지 않아도 되는 세포에 죽음을 불러일으킨다. 어느 세포가 파괴되느냐에 따라 병의 종류가 달라지지만 이런 일은 종종 일어난다.

세포는 언제나
돌발사태에 대비한다

무서운 이야기로 들리겠지만 이것은 우리 몸이 대단히 계산적이기 때문에 여러 가지 일에 대처할 수 있다는 말이기도 하다. 세포의 항상성이 무너지거나 예정하지 않은 일이 일어나면 질병에 걸린다.

참고로 이런 예정 외의 일은 매일 일어난다. 2장에서 이야기했던 유전자 변이도 빈번하게 일어나는 예정 외의 일이다. 오늘도 내일도 생존을 설계하는 우리 몸은 매일같이 태풍에 휩쓸리고 또 경이로운 힘으로 그것을 복구한다.

돌발사태를 회피하거나 돌발적인 결과를 엄청난 속도로 복원하는 힘이 더 강하기 때문에 우리는 일상생활을 할 수 있다. 의료행위는 돌발사태에 미처 대처하지 못해 우리 몸이 패배했을 때 인위적으로 개입하는 것이다. 세포의 힘에 비하면 의료의 힘이 얼마나 미미한지 잘 알 수 있다.

세포가 이상 증식하면
암에 걸린다

지금까지 세포의 죽음에 대해 살펴보았다. 다음은 세포가 이상해지는 경우를 암을 예로 들어 살펴보자.

암은 대다수 사람과 무관하지 않은 병이 되었다. 일본인이 암으로 사망할 확률은 남성이 23.9퍼센트(약 4명 중 1명), 여성이 15.1퍼센트(7명 중 1명)다. 평생에 한 번이라도 암에 걸릴 확률은 남성이 65.5퍼센트(약 3명 중 2명), 여성이 50.2퍼센트(2명 중 1명)다. 즉 살아 있는 동안 암에 걸리는 사람이 더 많다는 뜻이다(일본 국립암센터 조사).

암은 세포가 너무 죽지 않아서 생기는 세포다. 2장에 헬라세포라는 실험에서 쓰인 세포를 이야기했는데, 그것은 자궁경부암 세포였다. 많이 증식해 있을 뿐 내용물은 거의 정상적인 세포다. 그러나 세포가 많이 늘어나는 것 자체가 좋지 않은 일이다.

왜 지나치게 죽지 않는 세포가 태어나는가 하면 이것도 유전자 변이 때문이다. 앞에서 이야기한 미토콘드리아에서 활성산소가 유출되는 것도 원인으로 꼽을 수 있다. 방사선을 쬐어서 유전자 변이가 일어나 암이 생기기도 한다. 암에는 여러 종류가 있는데 그 메커니즘은 모두 동일하다. 유전자 변이가 원인이다.

성인이 되면 세포 수는 약 27조 개에 달한다. 세포가 죽어도 새로운 세포가 생성되어 일정한 수를 유지한다.

참고로 살찐 사람과 마른 사람의 세포 수도 별로 다르지 않다. 세포의 크기가 다를 뿐이다.

세포가 늘어나는 것은 곤란한 일이다. 40대 이상인 사람은 혹이 있는 사람을 본 적이 있을 것이다. 요즘에는 대부분 수술로 떼어내지만 혹은 일부 세포가 과도하게 증식해서 생긴 것이다. 세포 수가 늘어나지만 이런 경우는 양성이다.

'양성종양', '악성종양'이라는 말을 들은 적이 있을 것이다. 양성은 적당한 크기에서 멈추며 다른 장소로 이동하지 않는다.

그런데 암과 같은 '악성'은 멈추지 않고 질주한다. 계속 늘어난다. 다른 곳에도 멋대로 가버린다. 전문용어로 말하자면 '증식'하여 '전이'한다. 이 전이가 끔찍하다. 전이된 곳에서 또 증식을 하고 거기 있는 조직과 장기의 활동을 방해한다. 그리고 최후에는 사람을 죽음에 이르게 한다.

유전자 변이를 원인으로 증식하고 전이하는 세포가 나타난다. 그것이 암세포다. 변이된 유전자는 다양한 종류를 띠지만 그것은 모두 증식과 상관이 있다. 암세포는 세포 자체로서는 정상이다. 매우 정상적으로 살아 있다. 그 세포 자체로는 전혀 병이 아니다. 그저 너무 활발할 뿐이다.

그런데 인간처럼 많은 세포가 모여서 균형을 이루며 살아가는 생명체 안에서 암세포는 곤란한 존재다. 갑자기 특정한 장소의 세포가 계속 늘어나 증식을 멈추지 않고 몸 여기저기에 흩어지니까 몸의 균형이 무너진다. 이것은 대단히 큰 문제다.

유전하는 병과
유전하지 않는 병

지금까지 세포가 죽거나 이상 증식하는 것에 관해 알아보았다. 여기서는 유전하는 병을 살펴보자.

유전자에 변이가 일어나 어떤 단백질이 소멸하거나 정상적으로 활동하지 않게 되면 병에 걸린다고 했다. 만약 그 변이가 자식에게도 유전하면 당연히 그 아이도 같은 병에 걸린다.

그러나 부모의 피부 세포에서 유전자 변이가 일어나 피부암이 되었다고 해도 그것은 아이에게 유전하지 않는다. 어느 유전자에 변이가 일어났는지는 '아이에게 유전하는가'라는 점을 이해할 때 아주 중요하다. 유전하는 것은 아이를 만드는 데 필요한, 난자와 정자 등의 생식세포에 변이가 일어났을 때다. 암은 대체로 생식세포 이외의 세포 유전자가 변이해서 일어나므로 암이 직접적으로 유전되는 경우는 거의 없다. 생식세포도 암에 걸리지만 그러면 아이를 만들 수 없게 될 뿐 아이에게 유전되진 않는다.

그러나 암에 걸리기 쉬운 성질이 유전하는 것은 일부 알려져 있다. 가족 중에 유독 암에 걸린 사람이 많은 집도 있다.

암에 걸리기 쉬운 어떤 성질이 유전하는 것일까?

예를 들어 BRCA1이라는 단백질이 있다. 이 단백질은 손상된 DNA를 복구하는 작용을 한다. 앞에서 설명한 교열 담당 중 하나다(교열 담당 단백질은 중요하므로 여러 개이다). BRCA1이라는 유전자 자체에 변이가 일어나면 교열이라는 업무를 못 하게 된다. 그러면 유방암이나 난소암이 쉽게 일어난다. 그런데 BRCA1의 변이가 생식세포에 일어나면 그것은 유전된다. 생식세포로부터 모든 세포가 생기기 때문에 다음 세대는 몸에 있는 모든 세포에 그 변이가 적용된다.

세상에는 BRCA1의 변이가 모든 세포에 적용된 사람들이 일정한 비율로 존재하며 그 사람은 유방암이나 난소암이 발병할 확률이 다른 사람보다 높다. 다만 반드시 암에 걸리진 않으며 그럴 확률이 높다는 것뿐이다.

안젤리나 졸리는 유전자 진단으로 자신의 BRCA1에 이 변이가 있음을 알고 암에 걸리지 않았는데도 예방 차원에서 양쪽 젖샘, 즉 가슴을 수술로 절제했다. 그 뉴스를 접하고 많은 이가 놀랐다.

신경변성질환인 알츠하이머병이나 파킨슨병의 일부는 유전에 의해 좀 더 쉽게 걸린다. 신경변성질환은 세포 안에 단백질 덩어리가 생겨서 일어나는데 이 덩어리가 쉽게 생기는 성질은 유전된다. 유명한 예가 헌팅턴병이다.

　이것은 환자가 자신의 근육을 자신이 원하는 대로 움직이지 못하게 되는 희귀한 신경변성질환이다. 이 병에 걸리면 헌팅턴 (Huntington)이라는 단백질 유전자에 변이가 일어나 아미노산의 일종인 글루타민이 반복적으로 발생해 글루타민 사슬이 비정상적으로 늘어나면서 헌팅턴이 쉽게 굳어진다. 그리고 그 변이는 자손에게 유전된다.

　참고로 유전자 변이가 모든 자손에게 유전되는 것은 아니다. 대부분은 멘델의 법칙에 따라 일정한 확률로 자손 중 몇몇에게 유전된다.

호르몬은 세포에
정보를 전달하는 것

우리에게 친숙한 유전병으로 1형 당뇨병이 있다. 당뇨병은 1형과 2형으로 분류된다. 1형은 유전자 변이에 따라 일어나며 2형은 식생활이 원인이므로 유전자와는 상관이 없다. 그리고 건강진단으로 당뇨병으로 진단받는 것은 대부분 2형이다.

1형 유전자 변이는 인슐린 리셉터(Receptor, 수용체)라는 단백질의 변이가 대표적이다. 인슐린은 여러분도 잘 알겠지만 혈액 속의 당의 양을 조절하는 호르몬이다.

당뇨병을 설명하기 전에 호르몬을 먼저 짚고 넘어가자. 호르몬의 역할은 세포에서 다른 세포로 지시를 전하는 것이다. 호르몬에는 단백질로 형성되는 것과 그 밖의 다른 성분, 예를 들어 콜레스테롤로 만들어지는 스테로이드로 형성된 호르몬 등이 있다.

다시 인슐린 이야기로 돌아가자. 이 호르몬은 장기에서 분비되는 단백질이다. 세포에는 이 호르몬을 인식하기 위한 단백질이 있는데 이것을 리셉터라고 한다. 혈액으로 운반된 인슐린이

그림 6. 내분비세포

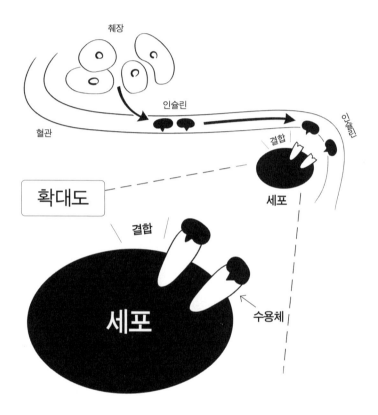

췌장

인슐린

혈관

인슐린

결합

세포

확대도

결합

세포

수용체

리셉터와 결합해 세포에 정보를 전달해서 당을 주입한다. 인슐린의 역할은 '당을 조절하는' 것이다.

다른 호르몬도 이 인슐린처럼 어딘가의 세포가 정보를 발신해 그다음 세포가 명령을 받게 한다. 그때 혈관을 지나간다. 혈관은 몸속 여기저기에 있는 세포에 필요한 물질을 도달하게 하는 노선 역할을 한다.

우리 몸은 외부환경에 적응하도록 되어 있다. 예를 들어 날이 더우면 땀을 흘려서 체온을 내린다. 이 명령을 하는 것이 신경이나 호르몬이다. 여기서 중요한 점은 어딘가의 세포가 정보를 발신하고 그다음 세포가 그 명령을 수신한다는 점이다. 호르몬은 내분비세포라고 하는 세포에서 생성되어 혈관으로 내보내진다. 그리고 혈관 속 혈액에 의해 온몸을 돌아다닌다.

이렇게 운반된 호르몬을 받는 세포를 표적세포(Target Cell)라고 한다. 이 표적세포는 정해진 호르몬을 받는 수용체, 즉 리셉터를 갖고 있다. 호르몬이 거기까지 와야 그 호르몬을 받아들일 수 있다.

기본적으로 명령을 받는 모든 세포에 물질이 결합되는 방식으로 정보가 전달된다. 2장에 나온 막 봉지의 교통망 이야기에서도 알아차렸겠지만, 우리 몸의 모든 성분은 가장 작은 계층의 것이 무언가와 결합하거나 분리하는 방식으로 활동한다. 활동 자체는 기본적으로 단순하다.

만약 인슐린이 달라붙으려는 세포의 리셉터에서 단백질 변이가 일어나면 인슐린은 그 세포와 결합하지 못한다. 그러면 당을 조절할 수 없게 되고 병원 신세를 져야 한다. 이것은 하나의 예를 든 것이며, 인슐린을 만드는 쪽의 단백질에 변이가 일어나서 인슐린이 생성되지 못하는 경우도 있다. 세포 내에 당이 흘러 들어가지 못해서 세포가 에너지 부족 상태가 되거나 혈액 속에 당이 넘쳐흘러서 고혈당이나 당뇨가 된다. 이것이 1형 당뇨병이다.

한편 2형은 유전자와 관계없이 술, 과식, 비만, 운동 부족 등의 불건전한 생활 습관이 원인이다. 영양을 과다 섭취해서 인슐린이 듣지 않게 된 상태다.

음식을 먹으면 당이 혈액에 들어가 몸을 순환한다. 일반적으로는 그에 반응해 췌장에서 인슐린이 분비되어 간세포에 당을 흡수하라고 명령한다. 그런데 영양을 과다 섭취하면 당이 항상 많은 상태이므로 인슐린이 제대로 일하지 않는다. 그러면 혈액 속의 당이 흡수되지 않아 당뇨병에 걸린다.

1형과 달리 2형은 유전병이 아니지만 부모가 당뇨병이면 자식도 당뇨병에 걸릴 확률이 높다. 암의 경우와 비슷하게 당뇨병에 걸리기 쉬운 성질이 유전하기 때문이다. 일본인은 이 성질을 보유한 사람이 많다고 한다.

뇌경색은 세포의
산소 부족으로 일어난다

일본인의 사망 원인으로 암 다음으로 많은 것이 심장병과 뇌경색이다.

뇌경색은 혈관이 굳어져 산소가 뇌에 운반되지 않아서 뇌세포의 일부가 죽어버리는 상태다. 혈관이 막히는 것은 식사가 원인이다. 혈관이 가늘어져서 쉽게 막히는 '동맥경화'라는 증상이 먼저 일어나고, 그대로 방치하면 결국 뇌경색으로 발전한다. 이것은 세포에는 아무 문제가 없지만 외부 환경이 악화되어 세포가 죽는 경우다.

알츠하이머병은 세포 안에 단백질이 덩어리가 되어 세포가 죽는 것이 원인인 것에 비해 뇌경색은 세포 자체는 멀쩡하지만 산소가 부족해져서 세포가 죽음에 이르고 뇌기능이 손상된다.

왜 인간에게는
산소가 필요한가

인간에게 왜 산소가 필요할까? 세포 내의 '발전소'인 미토콘드리아가 여러 가지 에너지원인 단백질이나 당, 지방을 분해해 세포가 일하는 데 필요한 에너지를 만들 때 산소를 사용하기 때문이다. 학교에서 배웠을지도 모르지만, 산소는 다른 분자의 산화라는 화학반응에 이용된다.

미토콘드리아에는 여러 가지 효소가 있다. 그것들이 산소의 힘을 빌려서 몇 단계에 걸쳐 화학반응을 일으키면서 에너지를 만든다. 즉, 화학반응을 일으킬 때 산소가 필요한 것이다. 또한 활성산소는 산화력이 대단히 강하다.

우리 세포 속에서 일어나는 것은 모두 화학반응에 기초한다. 에너지도 화학반응으로 만든다. 화학반응 하나하나에 전용 단백질(효소)이 존재하고 그들의 화학반응을 돕는다.

미토콘드리아의 경우 생성된 에너지는 ATP(Adenosine Triphos-Phate)라는 형태로 저장된다. ATP는 우리 몸을 만드는 물질을 합성하거나 움직이거나 신경을 활동하게 하는 등 여러 곳에서 쓰인다. 인간 사회의 전기와 같다고 생각하면 된다.

산소와 영양이 필요하다고 하면 당연한 말로 들릴 수 있는데, 산소를 필요로 하지 않는 생물도 있다. 이것을 혐기성(嫌氣性)생물이라고 한다. 대부분의 혐기성생물은 세균이다. 땅속이나 바닷속 등의 산소가 없는 곳에 생식한다.

여러분이 TV 광고에서 보는 비피더스균도 사람의 장에서 생식하는 혐기성균이다. 이 세균은 산소를 이용하지 않고 다소 원시적인 화학반응으로 에너지를 만든다.

그러나 인간을 비롯해 진화한 생물은 산소가 없으면 살 수가 없다. 산소를 이용해 당과 지방, 단백질을 분해하여 에너지를 생성하기 때문이다.

물론 에너지의 근원이 되는 재료도 세포 내에서 만들면 되겠지만 모든 것을 다 할 수는 없다. 예를 들어 단백질은 아미노산에서 형성된다. 아미노산은 20종류가 있는데 그중 9종류는 스스로 생성하지 못해 음식으로 조달해야 한다.

정보전달이 원활하게 되지 않아도
병에 걸린다

앞에서 호르몬은 혈액 속을 돌아다니면서 정보를 전달한다고 했다. 그런데 정보 전달을 담당하는 것은 혈관만이 아니다. 신경도 있다. 이것은 비교적 상상하기 쉬울 것이다.

우리 몸에는 온갖 곳에 신경망이 뻗어 있다. 인간의 뇌에는 약 1,000개의 신경세포가 존재한다고도 한다. 그 신경세포는 각각 축삭돌기(Axon, 축색돌기. 신경세포의 한 부분으로, 다른 신경세포에 신호를 전달한다─옮긴이)를 뻗어 시냅스라는 결합 장소에서 다른 세포와 붙어서 네트워크를 구축한다. 이 신경망을 이용해 인간이 느끼지 못할 정도로 빠르게 뇌에서 지시가 전달된다. 세포 사이를 릴레이하듯이 즉각적으로 전달되는 것이다.

참고로 혈액을 지나갈 때는 다소 천천히 전달된다. 혈액이 몸을 일주하는 데 20초 정도 걸리는데 신경의 정보 전달 속도는 초당 120미터다. 즉 0.01초 만에 몸 어디에나 정보를 전달할 수 있다. 정보가 신경을 통과하면 발끝까지 한순간에 전달되는데, 하나의 신경세포 안을 전기신호가 달리고 이웃한 신경세포가 릴레이하듯 이어 달리는 식으로 도달한다.

릴레이라고 표현한 것은 각 세포가 떨어져 있기 때문이다. 즉, 전기가 직접 전해지지 않는다.

혈관 속에서는 호르몬이 정보 전달 물질 역할을 하듯이 신경 망에서는 신경 전달 물질이 정보를 전달한다. 그러나 호르몬처럼 혈관을 지나지 않아도 되는 이웃한 세포에 릴레이하기 때문에 거리도 가깝고 전달하는 속도도 빠르다.

2장에서 세포 내에도 교통 시스템이 있다고 했는데, 신경 전달 물질도 그중 하나를 지나간다. 신경 전달 물질이 세포 내에서 생성되면 먼저 세포 속의 작은 봉지 안에 저장된다. 그것이 세포 말단까지 운반되고 세포막과 그 작은 봉지가 결합한다. 그리고 전달 물질만 밖으로 나오면 이웃한 세포가 그것을 리셉터를 이용해 받아들인다. 이것이 릴레이다.

신경세포에 붙어 있는 축삭돌기는 짧으면 몇 밀리미터지만 길면 1미터도 된다. 이것은 가장 긴 길이이며 척수 속에 있다. 축삭돌기는 하나의 세포가 뻗어 있는 것이므로 전기신호는 축삭돌기의 말단까지 순식간에 도달한다.

여러분도 척수반사(Spinal Reflex)라는 말을 들은 적이 있을 것이다. 긴급사태에 대단히 빠르게 반응하는 것을 가리키는데 이것은 척수가 뇌의 대역을 맡기 때문이다. 뇌까지 정보를 보내기에는 시간이 없으므로 척수가 긴급 지시를 한다. 이렇게 할 수 있는 것은 케이블이 길어서 릴레이를 여러 번 하지 않아도 되기 때문이다.

아무리 세포가 건강해도 혈관이 막히면 산소 부족으로 죽어버린다. 신경도 마찬가지다. 신경이 마비되면 세포가 건강해도 사람은 병에 걸린다.

예를 들어 신경 전달을 차단한다고 해서 신경세포가 죽는 것은 아니다. 비행장의 관제관이 사용하는 무선이 고장나도 관제관 자신의 생명에는 지장이 없다. 그러나 비행기가 충돌해 대참사가 일어날 수도 있다. 이렇게 신경 전달이 잘 되지 않아서 일어나는 병도 많다.

여러분이 상상하기 쉬운 예를 들자면 척수손상이다. 척수손상은 사고 같은 일로 등의 형태를 지탱해주는 척추 일부의 신경세포가 절단되어 신경 전달이 되지 않는 것이다. 손상 정도에 따라 증상이 다르지만 반신불수가 되거나 잘못하면 사망할 수도 있다.

척수손상은 세포 외부에 대한 기능이 손상되어 뇌와 몸을 오가는 네트워크가 정상적으로 작동하지 않는 상태다. 세포는 자신이 알기 위해 활동하는 것뿐 아니라 몸 전체와 다른 세포를 위해 일하는 경우도 있음을 알 수 있다.

교통 시스템을
파괴하는 세균들

아마도 여러분은 이미 알고 있을 것이다. 나는 이 장에서 병을 설명하고 있는데, 세포 외부에서 일어나는 이야기가 많이 나왔다. 세포의 안과 밖은 당연히 연계되어 있다. 앞에서 신경 전달은 세포와 세포가 릴레이하면서 이루어진다고 했다. 밖으로 배출할 때도, 밖으로부터 받아들일 때도 세포 안의 교통 시스템을 이용한다.

이 교통 시스템이 고장 나도 병에 걸린다.

교통 시스템을 고장 나게 하는 존재로는 보툴리누스균과 파상풍균이 있다. 이 둘은 독소를 만드는 위험한 존재다. 특히 보툴리누스균의 독소는 현재 알려진 자연계 독소 중 가장 강하다. 1995년, 도쿄 지하철에 사린(Sarin, 독성이 매우 강한 독가스—옮긴이) 가스 살포 테러를 저지른 신흥종교단체인 옴진리교는 1990년에 이미 보툴리누스균을 배양해 생물학 병기로 사용하려고 하기도 했다.

이런 세균이 만든 독소(효소)는 신경세포에만 침입한다. 그리고 독소는 어떤 특정한, 앞서 말한 교통 시스템을 움직이는 단백질을 분해해 교통을 차단한다.

그로 인해 신경 전달을 할 수 없게 되므로 근육이 마음대로 움직여지지 않거나 최악의 경우 죽음에 이른다. 이처럼 세포 안의 교통망과 밖의 교통망은 밀접한 관계를 형성한다.

자, 지금까지 세포 안의 교통망과 혈액과 신경이라는 세포 밖의 교통망에 관해 대략적으로 설명했다. 여기까지 알았으니 이제 면역에 관해 이야기할 수 있다.

교통망은 우리 몸의 정보전달과 영양 공급 용도로 쓰이지만, 세균과 바이러스도 이 교통망을 이동수단으로 삼는다. 그런데 인간의 체내에는 침입자를 퇴치하는 존재도 있다. 이것이 바로 '면역'이다.

면역은 외부의 적을
배제한다

2020년은 여러분이 살아오면서 가장 면역을 의식한 해가 아니었을까? 뉴스뿐 아니라 일상에서 나누는 대화에서도 '면역'이나 '항체'라는 말을 수도 없이 들었을 것이다.

그런데 면역이 대체 뭘까? 알긴 아는데 정확히 설명할 수는 없는, 그런 말이 아닐까? 면역은 간단히 말하자면 외부의 적을 배제하여 몸을 지키는 시스템이다.

사실은 면역에는 암 면역처럼 암세포를 해치우는 면역도 있고 이식 면역이라고 해서 타인의 조직이나 세포를 배제하는 면역도 있다. 암세포는 본래 자신의 세포이고 이식한 조직이나 세포는 정확히 말하면 적은 아니다. 즉, 본래는 '정상적인 자신'과 '자신이 아닌 것'이나 암세포와 같은 '비정상적인 자신'을 구분하는 시스템이 면역인데, 이 책에서는 혼란을 피하고자 외부의 적을 배제한다고 표현하겠다.

외부의 적은 병원체나 기생충을 말하며 병원체는 크게 세 종류로 나뉜다.

바이러스, 세균, 진균이나 원충이 그것이다.

바이러스는 생물인지 아닌지 애매한 존재라고 앞에서 이야기했다. 생물이란 자력으로 에너지를 만들고 자손을 남길 능력이 반드시 있어야 한다. 그러므로 세균은 생물이지만 바이러스는 생물이 아니라고 할 수도 있다.

세균에 관해서는 나중에 자세히 다루겠지만, 세균은 엄연한 생물이다. 세균은 원핵생물(Prokaryotes, 막으로 싸이지 않은 핵을 가진 생물, 전부 단세포이다─옮긴이)이며 보툴리누스균이나 연쇄구균이 이에 해당한다. 한편 진균은 곰팡이와 효모를 가리키며 진핵생물(Eukaryote, 세포에 막으로 싸인 핵을 가진 생물─옮긴이)이다. 원핵생물은 세포소기관을 갖고 있지 않지만 진핵생물은 세포 내에 세포소기관을 갖고 있다.

진핵생물은 효모에서 인간에 이르기까지 대단히 넓은 그룹을 형성한다. 원충이나 곰팡이도 진핵생물에 속한다. 원충은 곤충이 아닌 원시적인 동물을 말하며 말라리아원충이 유명하다.

기생충은 그보다는 훨씬 크고 육안으로 관찰할 수 있는 생물이다. 물론 진핵생물이다.

이러한 병원체와 기생충의 공통점은 숙주의 몸에 침입해 숙주가 병에 걸리게 한다는 점이다.

이런 병을 감염병이라고 부른다.

감기는 항생물질로
낫지 않는다

세균과 바이러스는 어딘지 비슷한 느낌이 들지만 실은 전혀 다른 생물이다. 좀 더 자세히 알아보자.

지금까지 설명한 내용을 다시 한 번 정리하자면, 바이러스는 자신의 몸을 만드는 '설계도'를 단백질 껍질에 싸고 있지만 스스로 증식하진 못한다. 세포에 침입해서 상대의 세포 기능을 빼앗아 자기 자신을 증식시킨다. 한편 세균은 하나의 세포가 개체로서 사는 단세포생물로 분열해서 자손을 남길 수 있다.

다음은 병을 일으키기 쉬운 구조를 따져보자. 바이러스는 침입해서 세포를 파괴하는 반면 세균은 세포에 침입하는 경우와 독소를 방출해 세포를 죽이는 경우가 있다.

크기도 전혀 다르다. 예를 들어 대장균은 1밀리미터의 약 1,000분의 3이지만 인플루엔자 바이러스는 1밀리미터의 1만분의 1이다. 세균이 바이러스보다 훨씬 크다.

크기를 정확하게 기억할 필요는 없지만 세균과 바이러스는 전혀 다른 종류이므로 병에 걸렸을 때의 대처법도 달라야 한다.

여러분이 알아둬야 할 점은 항생물질은 세균에 효과적이지만 바이러스에는 효과가 없다는 것이다.

여러분은 감기에 걸렸을 때 항생물질을 처방받은 적은 없는가?

감기의 원인은 거의 100퍼센트 바이러스이므로 항생물질이 효과가 없다. 그러나 감기에 걸려도 후두염이나 편도염 등 목이 아플 때가 있는데 이것은 A군 연쇄구균(Streptococcus)이라는 균이 유발하는 증상이므로 항생물질이 잘 듣는다. 다만 그것은 감기에 걸린 김에 일어나는 증상이다.

먼저 세포가 바이러스에 감염되어 몸이 약해졌는데 마침 세균이 번식해 다른 염증이 일어난 것이라고 생각하면 된다. 목이 아픈 것은 바이러스가 원인으로 몸이 이상해져서 이차적으로 세균이 일으킨 증상이다. 그러므로 항생물질을 복용하면 목의 통증은 낫지만 감기 자체가 완전히 낫진 않는다.

항생물질을 과다 사용하면
세균이 진화한다

항생물질을 지나치게 많이 사용하면 세균은 진화해서 그 항생물질을 견딜 수 있게 된다.

물론 항생물질의 종류는 매우 다양하기 때문에 세균이 어떤 항생물질에 내성을 갖게 되어 치료 효과가 없어져도 다른 항생물질로 치료할 수 있다.

그런데 항생물질을 과도하게 사용한 결과 대부분의 항생물질에 내성을 가지는 균이 병원에서 원내감염을 일으키고 있다.

입원 환자는 건강한 사람에 비해 몸이 약하기 때문에 내성균이 몸속에 퍼지면 병원에 있어도 사망할 수도 있다. 항생물질을 남발하면 세균이 진화한다.

그러니 감기에 걸려서 병원에 가도 항생물질을 처방해달라고 요구하는 것은 다시 한 번 생각하는 것이 좋다.

면역에는
3종류의 퇴치방법이 있다

그러면 면역에 관해 알아보자. 앞서 말한 세균, 바이러스, 원충이나 곰팡이 등의 병원체와 기생충으로부터 몸을 지키기 위해 면역은 어떤 일을 할까?

면역은 '외부의 적을 배제하는 것'이라고 했다. 그렇다면 구체적으로 어떻게 적을 배제할까? 이것은 크게 세 가지로 나눌 수 있다.

가장 알기 쉬운 방법은 물리적으로 막는 것이다.

외부의 적을 막기 위해 '벽'을 쌓는다. 예를 들어 피부는 세포와 세포가 결합해서 생기는데 이것으로 병원체의 침입을 막는다. 점막도 물리적 장벽에 속한다. 점막은 침입하기 쉬운 곳으로 보이지만 점액을 활발하게 분비함으로써 병원체를 침입시키지 않는다. 점막에서는 세균을 죽이는 화학물질이 분비된다.

두 번째 방법은 세포가 상대방을 죽이는 것이다.

첫 번째의 '벽'이 파열되어 병원체가 침입하면 그 병원체를 잡아먹어서 배제한다. 또는 자신의 세포 내에 흡입해서 분해한다. 적을 잡아먹는 대표적인 세포로는 호중성 과립구(Neutrophil Granulocyte, 백혈구의 일종으로 백혈구 중 가장 많은 비율을 차지한다—옮긴이)가 있다. 이것을 식세포라고 하며 자연면역이라고 부르기도 한다. 다른 수많은 생물도 갖고 있는 원시적인 면역이기 때문이다.

감염증으로 염증이 일어나면 열이 난다. 이것은 체온을 올려서 세균 증식을 억제하고 식세포 활동을 활발하게 하기 위해서다. 즉, 열이 나면 식세포가 활발해지므로 억지로 열을 내리는 것은 생각해볼 일이다.

앞에서 감기는 바이러스에 의한 것이라고 했는데 바이러스를 죽이기 위해 염증이 일어나는 상태 등 여러 가지를 가리켜서 감기라고 한다. 염증도 무척 중요하므로 이에 관해서는 나중에 자세히 알아보겠다.

또 가장 깊이 세포에 침입한 세균이나 바이러스를 죽이는 시스템이 있는 것도 밝혀졌다. 오토파지, 즉 자가포식이라는 세포 내의 시스템이다. 오토파지가 병원체를 죽이는 작용은 내 연구실에서 발견했는데, 이에 관해서는 뒤에 자세히 설명하겠다.

또한 바이러스가 들어온 세포를 죽이는 세포도 있다. 같은 편까지 함께 죽이는 암살자 같은 존재다. 실제로 킬러T세포라고 불린다. 킬러T세포는 식세포처럼 상대를 잡아먹는 것이 아니라 화학물질을 분비해서 상대의 막에 구멍을 뚫어 죽이므로 정말 암살자 같은 느낌이다. 킬러T세포는 암세포와 이식세포도 죽여 버린다.

내가 앞에서 자살하는 세포가 있다고 한 말을 기억하는가?

바이러스에 감염된 세포도 자살한다. 킬러T세포는 상대의 막에 구멍을 낼 뿐 아니라 그 구멍으로 자살을 명령하는 화학물질을 보냄으로써 그 세포를 죽음으로 몰아간다. 적이 침입하면 '싸워라', '싸우지 마라', '자살해라' 등 다양한 명령을 받으면서 세포는 적과 매일 싸우고 있는 셈이다.

이처럼 세포의 세계는 인간 사회에서는 상상할 수도 없을 만큼 치열하다.

적을 배제하는
제3의 수단인 항체

적을 배제하는 세 번째 방법은 '항체'다. 종종 듣는 용어인데 항체란 무엇일까? 항체는 바이러스와 세균, 또는 세균이 내는 독소의 작용을 방해하거나 상대 세포를 죽일 수 있게 한다.

항체 역시 단백질이다. B세포라는 세포 속에서 생성되며 세포 내의 운송망을 통해 세포 밖으로 방출된다(이것을 분비라고 한다). B세포는 각각의 적에 효과가 있도록 상대의 특징에 맞추어 다른 항체를 생성한다.

자, 지금까지 식세포와 킬러T세포, B세포 등이 등장했는데 이것을 모두 통합해 면역세포라고 부른다. 면역을 전문 분야로 삼은 세포라는 의미다.

그 밖에도 면역세포에는 수지상세포(Dendritic Cell, 樹枝狀細胞), 헬퍼T세포(보조T세포 혹은 보조T림프구라고도 한다―옮긴이) 등 다양한 종류가 있지만 이 책에서는 깊게 다루지 않겠다. 또 면역세포를 전문세포라고 부르기도 한다. 면역을 업으로 하는 전문가라는 의미에서다.

열쇠와 열쇠 구멍의 관계가
생명현상의 '열쇠'를 쥐고 있다

바이러스는 어떻게 세포에 들어갈까? 바이러스는 세포에 자유롭게 들어갈 수 없다. 흥미롭게도 세포에 들어가려면 열쇠가 필요하다.

여러분이 집에 들어가려고 할 때 열쇠 구멍에 남의 집 열쇠를 넣으면 문이 열리지 않는다. 그와 마찬가지로 바이러스는 자신의 표면에 있는 스파이크라는 단백질의 모양에 맞는 단백질을 세포 표면에서 찾지 못하면 침입할 수 없다. 즉, 열쇠와 열쇠 구멍 같은 관계가 필요하다. 바이러스가 열쇠를 갖고 세포가 열쇠 구멍을 갖고 있어야 하는 것이다.

"왜 적이 세포에 맞는 형태의 열쇠를 갖고 있죠?"

이렇게 생각할 수도 있다. 실은 바이러스는 진화의 과정에서 보조 열쇠를 얻게 되었다. '딱 들어맞진' 않지만 비슷한 열쇠가 열쇠 구멍에 어찌어찌 들어가서 열리는 듯한 이미지다.

호르몬과 수용체도 그랬지만 세포의 안팎에서 일어나는 일은 종종 '단백질과 단백질(또는 다른 고분자)의 모양이 맞아서 결합함'으로써 일어난다. 그 밖에도 몸에 일어나는 여러 현상은 이 '열쇠와 열쇠 구멍' 방식으로 설명할 수 있으므로 꼭 기억해 두자.

그리고 항체는 이 원리를 이용해서 침입을 막는다. 바이러스의 열쇠에 딱 붙어서 열쇠 구멍에 넣지 못하게 하는 것이다. 실제로 여러분의 집 열쇠도 열쇠 구멍에 넣는 부분에 무언가가 붙어 있으면 열쇠가 들어가지 않을 것이다. 항체는 바이러스에 붙어서 열쇠 모양을 변하게 하고 세포에 침입하지 못하게 한다.

참고로 항체가 바이러스에 붙을 때도 바이러스가 세포에 붙는 것과 마찬가지로 모양이 딱 맞아야 붙을 수 있다. 이것도 '열쇠와 열쇠 구멍 원리'다.

이때 문제는 바이러스에 대한 항체가 생겨도 바이러스의 열쇠 부분에 달라붙는다는 보장이 없다는 것이다. 바이러스의 열쇠가 아닌 다른 부분에 붙기도 한다.

달라붙는 장소가 중요하므로 정확하게 열쇠 끝부분에 붙으면 참 좋으련만 그 이외의 부분에 항체가 달라붙어서 열쇠가 열쇠 구멍에 맞으면 바이러스는 세포에 침입하는 데 성공한다.

열쇠의 열쇠 구멍에 들어가는 부분에 제대로 달라붙은 항체를 중화항체라고 한다. 그러나 이 중화항체가 생성되었는지는 통상적인 항체검사로는 알 수가 없다.

바이러스에 대한 항체가 있는지 없는지는 알 수 있지만, 항

그림 7. 효과가 없는 항체도 있다

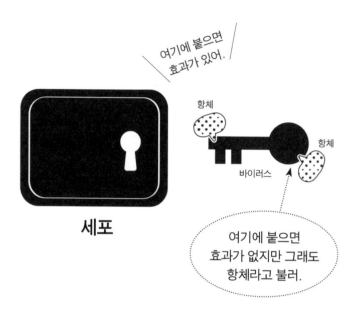

세포

여기에 붙으면
효과가 있어.

항체

항체

바이러스

여기에 붙으면
효과가 없지만 그래도
항체라고 불러.

열쇠와 열쇠 구멍이 맞으면
바이러스는 안으로 들어간다.
항체는 열쇠에 달라붙어서 방해한다.

체검사로는 바이러스의 열쇠가 아닌 부분에 붙어서 도움이 되지 않는 항체도 항체로서 검출된다. 어디에 달라붙은 항체건 간에 '항체 있음'이 된다. 이 내용을 읽고 놀라는 사람도 있지 않을까?

항체가 생겼지만 효과가 있는 항체인지 아닌지는 알 수 없다는 말이다. 그러므로 항체검사를 받고 항체가 있다는 말을 들었다고 해서 바이러스에 감염되어도 괜찮다는 의미는 아니다. 물론 항체가 없는 상태임을 알 수 있다는 점에서는 항체검사도 의미가 있다. 다만 완전히 안심할 일은 아니라는 말이다.

항체는 바이러스가 세포로 침입하는 것을 방해할 뿐 아니라 더 많은 역할을 한다.

항체 자체는 상대에게 달라붙는 것뿐이므로 상대를 죽이거나 할 수는 없다. 그러나 항체가 세균에 달라붙으면 그것이 표식이 되어 식세포가 세균을 잡아먹을 수 있다.

또 바이러스에 감염된 세포나 세균과 항체가 결합하면 항체의 끝에 있는 보체(Complement)라는 단백질이 활성화되어 적의 세포막에 구멍을 뚫을 수도 있다. 즉, '이 녀석은 적'이라는 표식 역할을 하는 것이다.

항체는 끊임없이 열쇠와
열쇠 구멍을 확인한다

　자, 항체에서 가장 중요한 열쇠와 열쇠 구멍의 관계를 이해했으니 나머지 설명을 하겠다. B세포는 원래 어떻게 해서 그 열쇠에 맞는 항체를 배출하는 것일까?

　인간 세상이라면 감시 카메라를 달아두고 '이 녀석은 이런 열쇠 모양이구나'라고 인식하여 '그럼 이런 항체를 방출해서 열쇠 구멍에 못 들어가게 해야겠다'라고 생각할 것이다. 그러나 인간의 몸에는 감시 카메라가 없다.

　실은 이 부분은 교과서에서도 대수롭지 않게 건너뛰는 내용이므로 여기서 꼭 설명하고 싶다. 우리 몸에는 셀 수 없이 많은 종류의 병원체가 연이어 침입한다. 그러므로 어느 항체가 맞는지 곧바로 알 수가 없다.

　면역 시스템이 어떻게 작용하는가 하면 놀랍게도 적합한 항체 유전자를 엄청나게 준비해둔다. 그리고 침입자가 나타나면 있는 대로 항체를 만들어서 그중 무엇이 적합한지 시험한다. 마치 보조 열쇠 다발을 수천 개씩 갖고 있는 느낌이다.

이 사실은 분자생물학이자 면역생물학 박사인 도네가와 스스무(利根川進)가 발견했다. 어떤 상대이건 명중할 수 있도록 방대한 종류의 항체를 만드는 메커니즘을 규명한 공적을 인정받아 노벨상을 수상했다.

항체의 유전자는 무려 수백 수천만 종류에 이른다. 그러나 인간의 게놈 안에 있는 유전자는 2만 몇천 종에 불과하다. 이러면 뭔가 합이 맞지 않다. 항체의 유전자 열쇠를 결정하는 부분은 DNA의 글자가 계속 변하게 되어 있어서 그런 막대한 조합을 할 수 있는 것이다. 그렇게 해서 다른 열쇠 모양을 가진 항체 유전자가 엄청난 수로 생성되고 그 하나하나가 각각 다른 B세포에 수납된다.

참고로 항체가 있는지 여부는 피검사를 통해서 알아보는데, 항체가 너무 적으면 반응하지 않는다. 즉, 일정량의 항체가 몸속에 생성되어 있지 않으면 검출되지 않는다.

자연면역과
획득면역

모든 생물이 항체와 같은 복잡한 기능을 갖고 있는 것은 아니다. 침입자를 잡아먹는 식세포와 같은 자연면역은 상당수 생물이 갖고 있지만 항체나 앞에서 잠깐 언급한 바이러스가 들어간 세포를 통째로 죽이는 킬러T세포 등은 척수동물만 갖고 있다.

자연면역세포는 '악당 같은 놈'을 보면 무차별 공격을 가한다. 공격이 통제되지 않아서 자신의 세포까지 손상할 때도 있다.

반면 항체와 킬러T세포에 의한 면역은 획득면역이라고 부른다. 이 세포는 놀랍게도 한 번 침입한 적을 똑똑히 기억한다. 그리고 기억해둔 세포를 메모리B세포, 메모리T세포라고 한다. 예를 들어 천연두 백신을 어릴 적에 맞으면 항체가 생겨서 그것을 만든 B세포는 메모리B세포가 되고 평생 천연두 바이러스를 적으로 간주하고 기억한다. 다시 천연두 바이러스에 감염되면 '그 녀석이 왔다'고 인식하고 효과적인 항체를 만들어낸다. 이름 그대로 면역을 '획득'하는 것이다.

적이 침입하면 먼저 자연면역세포가 출격한다. 그리고 그들은 정보를 획득면역에 전달한다. 그때 한 번 침입해온 적이 있는 적일 경우 병에 걸리기 전에 퇴치할 수 있다.

기억할 수 있다는 것은 대단히 중요하다. 앞에서 말했듯이 처음 대하는 적에게는 자신이 준비해놓은 항체 중 어느 것이 잘 듣는지 선택해야 한다. 그러나 세포에 기억이 있으면 같은 병원체가 다시 침입했을 때 이 확인 작업을 할 필요가 없으므로 신속하게 집중 공격을 퍼부을 수 있다. 그 결과 우리는 병에 걸리지 않거나 가벼운 증상으로 끝난다. '면역이 있다'는 것은 일반적으로 이런 상태를 말한다.

"하지만 인플루엔자에 매년 걸리는 사람도 있는데?"

이런 경우도 있다. 실은 인간의 면역 시스템도 만능이 아닌 것이 적도 교묘하게 진화하기 때문이다. 다시 말해 모든 바이러스에 대해 평생 효과가 있는 면역을 만들 수는 없다. 대표적인 것으로 감기나 인플루엔자, 뎅기열 등에는 평생 효과가 있는 면역을 만들지 못한다.

이 바이러스의 유전자는 빈번하게 변이해 항체가 달라붙는 부분의 모양을 바꿔버리기 때문이다. 따라서 백신이나 감염에 의해 획득면역을 얻어도 몇 달이나 몇 년밖에 효과가 없다.

게다가 헤르페스 바이러스(Herpes Virus, 단순포진 바이러스 : 피부에 물집을 일으키나, 치명적이진 않다 ─ 옮긴이)같이 신경세포 안에 잠복해서 획득면역을 전혀 생성하지 못하는 경우도 있다. 그중에는 면역 시스템의 정보 전달을 방해할 수 있도록 진화한 바이러스도 있다. 바이러스 대 인류의 투쟁은 이렇게 치열하다. 그러므로 미지의 바이러스가 등장할 경우 획득면역이 생길지 아닐지는 알 수 없다는 뜻이다.

앞에서 천연두 이야기를 했는데 백신은 이 획득면역의 메커니즘을 이용한 것이다. 병원체의 일부나 독성을 희석한 병원체, 또는 독이 없지만 열쇠 부분으로만 한 것 등을 체내에 주입함으로써 효과가 있는 항체를 기억하게 한다.

면역은

항체만이 아니다

이것으로 면역에 관한 여러분의 지식은 한층 풍부해졌을 것이다. 이 책을 읽으면서 항체가 자연면역보다 높은 수준이라는 인상을 받았을지도 모른다. 그러나 적을 잡아먹는 자연면역도 무척 중요하다. 미지의 바이러스를 이 방법으로 퇴치할 가능성도 있기 때문이다.

자연면역은 원래 기억력이 없지만 최근에는 자연면역도 약간은 기억할 수 있다는 것이 밝혀졌다. 이것을 훈련면역이라고 한다. 즉, 훈련을 통해 적이 나타났을 때 비교적 빠르게 출동할 수 있는 것이다. 그러면 혹시나 항체가 없어도 신형 코로나 바이러스를 몇 번이나 격퇴할 수 있을지도 모른다. 바이러스와의 전쟁에서 '면역이 곧 항체'라고만 생각하지 말고 좀 더 폭넓은 시야를 갖도록 하자.

약의 개발에 관해

앞에서 여러 번 열쇠와 열쇠 구멍의 이야기를 했다.

이것은 바이러스와 항체만의 이야기가 아니다. 호르몬과 리셉터, 세포 안팎의 교통망, 그리고 DNA 복사 등도 모두 이 관계에 해당한다. 즉, 몸 속에서 일어나는 일의 대부분은 기본적으로 '이것과 저것의 형태가 들 어맞느냐 아니냐'로 이루어진다고 해도 과언이 아니다.

바이러스와 세포의 열쇠 구멍이나 인슐린과 인슐린 수용체처럼 결합하 는 것들 대부분은 단백질이며, 그 밖에 단백질과 저분자(단백질보다 작은 크기) 등도 있다.

이 열쇠와 열쇠 구멍의 성질은 약을 개발할 때도 이용한다.

적의 단백질의 열쇠 모양을 알게 되면 그것을 방해하는 물질을 약으로 만들 수 있지 않을까?

저온전자현미경이라는 첨단 기술이 있는데, 이 기술을 이용하면 저온에 서 얼린 단백질을 해석할 수 있다. 단백질은 세포보다 훨씬 작은 10억분 의 1미터에 불과하다. 저온전자현미경은 작은 단백질의 형상도 선명하 게 잡아낸다.

이것으로 단백질의 형상이 판명되면 그것의 핵심 장소에 딱 맞는 약을 개발하면 된다. 바이러스의 침입을 알아차리면 항체가 출동해 세포에 침입하지 못하게 막듯이, 약도 모양이 들어맞으면 바이러스에 들러붙어서 세포에 침입하지 못 하게 할 수 있다.

이런 시도를 '구조 기반 약물 설계(Structure-Based Drug Design)'라고 한다. 이름 그대로 약을 디자인하는 것이다. 물론 바이러스만이 아니다. **병의 원인이 되는 단백질에 딱 맞는 형태를 AI**(인공지능) **등을 이용해 계산함으로써 약을 만들려고 하고 있다.** 인플루엔자의 약인 타미플루는 SBDD에 의해 만든 약이다. 아직 상용화한 예는 많지 않지만 SBDD가 앞으로 점점 더 활발해질 것은 틀림없다.

오히려 '아니 그럼 지금까지는 그런 식으로 약을 만든 게 아니란 말이야?'라고 생각할 수도 있다. 그러나 약은 오랫동안 '이유는 잘 모르겠지만 어쨌든 효과가 있으니까 사용하는' 것이었다. 생명과학이 발전함에 따라 이제야 좌충우돌하지 않으면서 약을 만들 수 있게 된 것이다.

또 SBDD에서는 단백질에 딱 맞는 분자를 설계하는데, 최근에는 항체를 인공적으로 만든 약을 개발하는 것도 진행되고 있다. 그에 관해서는 다음에 설명하겠다.

염증에 관해

이해하자

염증이 무엇인지 모르는 사람은 없을 것이다. 폐렴, 위염, 뇌염, 피부염 등 염증과 관련된 질병은 매우 흔하다.

그런데 염증(정식으로는 염증반응)이란 본래는 병이 아니다. 상처를 입었거나 병원체에 감염되었거나 몸에 이상이 생겼을 때 일어나는 방어반응이다. 열을 내서 면역 작용을 활성화하는 것이다. 즉, 몸을 정상으로 돌리려는 움직임이므로 나쁜 것이 아니다.

그러나 염증이 장기화되거나 심해지면 그 자체가 악영향을 미친다. 자칫 잘못하면 사망할 수도 있다. 그런 상태를 염증성 질환이라고 하며 이것은 병이다. 염증은 과도하게 일어났을 때 몸에 해를 끼친다.

염증에는 부어오르거나 빨갛게 되는 등 다양한 반응이 포함되는데, 면역도 활발해진다. 즉, 염증이 과도해지면 면역도 과도해져서 염증성질환의 주된 원인이 된다.

꽃가루 증후군이나 음식 알레르기도 면역의 과잉 반응이다.

일단 체내에 들어온 물질을 면역세포가 적으로 오판하여 기억하는 것이 원인이다. 그 때문에 다시 그 물질을 감지하면 그 물질을 배제할 필요가 없는데도 면역 기능이 활성화되어 공격하고, 그 결과 염증이 일어난다.

꽃가루 증후군으로 죽는 일은 없지만 음식 알레르기로는 죽을 수도 있다. 나는 알레르기는 없으니까 괜찮다고 생각하는 사람도 신경을 써야 한다.

예를 들어 벌에 두 번 쏘이면 안 된다는 말을 들은 적이 있는가? 이것은 아나필락시스 쇼크(Anaphylactic Shock, 과민성 쇼크)라고 하는데, 이것도 급성 알레르기 증상이다. 벌의 독을 기억해둔 면역세포가 독을 중화하는 데 필요한 양보다 심하게 반응해 전신에 알레르기 반응이 심하게 일어난다. 드물게는 사망에 이를 수도 있다.

코로나19에 걸린 사람 중에는 급속히 증상이 악화되어 인공호흡기가 필요한 환자도 있는데, 이것도 바이러스가 직접적인 원인이 아니라 몸의 과민한 면역 기능으로 인한 것이다. 이렇게 면역이 과도하게 반응하는 것을 '사이토카인 폭풍'이라고 한다.

사이토카인은 혈액 속을 흐르면서 정보를 알리는 작은 단백질이며, 그 단백질들은 여러 가지 역할을 하지만 상당수가 면역과 관련이 있다. 쉽게 말하자면 이 사이토카인이 전신의 세포에 연락해서 면역에 관해 지시한다. 사이토카인과 호르몬의 차이

는 호르몬이 정해진 내분비세포에서 분비되는 데 비해 사이토
카인은 다양한 세포가 방출할 수 있으므로 비교적 국소에서 작
용하는 경우가 많다.

사이토카인은 면역 기능을 활성화하여 적을 공격한다. 발열
이나 나른함, 근육통 등 염증이 일어나는 것은 사이토카인이 활
동해 병원체와 싸우고 있다는 증거다.

사이토카인 폭풍은 그 면역의 지시가 폭풍처럼 우르르 나오
는 상태다. 앞에서도 말했지만, 염증반응이 과도하게 일어나면
몸에 해를 끼친다. 그러므로 사이토카인 폭풍을 억제하는 약도
무척 중요하다.

신형 코로나 바이러스가 일으키는 사이토카인 폭풍을 억제
하는 약으로는 악템라(Actemra, 성분명 토실리주맙Tocilizumab)가 유
명하다. 이 약은 비교적 최근 등장한 새로운 유형의 약이므로
여기서 잠깐 알아보자.

악템라는 실은 항체다. 이제까지 약이라는 것은 전부 저분자
화합물이었다. 앞에서 크기에 관해 설명할 때 나왔는데, 단백질
등은 고분자에 해당한다. 저분자는 그것보다 간단한 구조를 하
고 있으며 작은 분자를 말한다. 그리고 항체는 단백질로 이루어
지고 그보다 크다.

단백질은 생물이 만드는 것이므로 이런 약을 생물학적 제제
(Biological Product, 생물을 재료로 만든 의료용 제제—옮긴이)라고 부른다.

바이러스에 듣는 항체를 발견해서 설계도, 즉 유전자를 알게 되면 인간은 세포를 대량으로 배양해 항체를 만들 수 있다. 이것이 앞의 칼럼에서 말한 인공적으로 만든 항체다.

악템라는 면역에 관한 사이토카인, 그중에서도 염증을 유발하는 단백질 '인터루킨6(IL6)'의 활동을 억제한다. IL6의 리셉터에 딱 달라붙는 것이다. 그러면 IL6는 세포에 달라붙지 못하게 되므로 '면역아, 어서 일해라!'라는 정보를 전달하지 못한다. 이 것도 열쇠와 열쇠 구멍의 관계다. 대단히 단순한 이야기다.

참고로 악템라는 본래 류마티스 관절염을 치료하는 약으로 전 세계에서 쓰이고 있다.

류마티스 관절염은 자신의 몸의 성분에 대한 항체가 생겨버리는 자가면역질환의 일종으로, 항체가 관절을 공격하는 병이다. IL6는 항체를 생성하게 하거나 사이토카인을 방출시키는 단백질이므로, 악템라를 통해 이를 억제함으로써 사이토카인 폭풍에도 효과가 있고 류마티스 관절염에도 효과가 있다. 신형 코로나 바이러스의 중증환자에게도 투약되고 있으며 회복한 사례가 다수 보고되었다.

물론 면역은 본래 몸을 질병에서 지켜주는 것이므로 이것을 경증일 때 약으로 억제하면 바이러스가 늘어나 역효과가 날 수도 있으므로 투약 시점이 무척 중요하다.

또 신형 코로나 바이러스의 열쇠 부분에 달라붙는 항체를 인공적으로 만들어 약으로 사용하는 것도 이미 진행되었다. 이것은 트럼프 미국 전 대통령에게도 투약되었다. B세포가 항체를 만드는 것을 가진 백신과 달리 즉각적으로 효과가 나타나므로 유망한 치료법으로 기대되고 있다.

집단면역이란
무엇인가

마지막으로 집단면역에 관해서도 알아보자. 집단면역이라는 용어도 TV나 신문에서 많이 접해봤을 것이다. 앞으로 미지의 바이러스는 또 나타날 것이므로 알아두면 좋은 말이다.

어떤 병원체에 감염되었다가 나아서 면역이 생겼다고 하자. 이 면역을 가진 사람들이 많아지면 면역이 없는 사람들 주위에 면역을 보유한 사람이 증가한다. 이것이 일종의 벽을 형성해 면역이 없는 사람도 그 병원체에 감염되지 않게 된다. 쉽게 말하면 이것이 집단면역이다.

그러나 예를 들어 에볼라 출혈열은 감염되면 높은 확률로 사망하므로 '벽'이 생기지 않는다. 아무도 면역을 갖지 못하기 때문이다.

다만 상당수의 감염증을 보면 '감염자＝발병자, 중병자, 사망자'인 것은 아니다. 신형 코로나 바이러스도 감염자 중 대부분은 무증상이라고 한다. 그런 경우 어느 정도 감염자가 늘어나면 벽이 생겨서 감염자 수는 서서히 감소한다. 이것이 기본적인 집

그림 8. 집단면역의 기본 원리

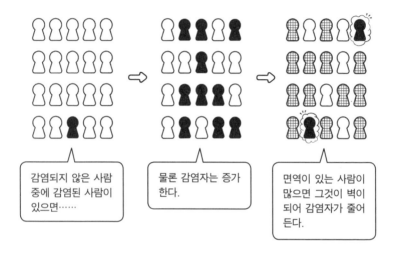

감염되지 않은 사람 중에 감염된 사람이 있으면……

물론 감염자는 증가한다.

면역이 있는 사람이 많으면 그것이 벽이 되어 감염자가 줄어든다.

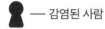 — 감염된 사람

 — 감염되지 않은 사람

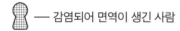 — 감염되어 면역이 생긴 사람

단면역의 원리다.

코로나19에 대한 대책으로 영국과 스웨덴에서는 수리역학자가 계산하여 집단면역을 획득할 것을 목표로 삼기도 했다.

물론 도시를 록다운하는 방식은 그 방식을 중단하는 순간 감염이 재확산된다. 게다가 경제적인 손실도 상상할 수 없을 만큼 크다. 감염의 자연적인 확산에 맡기고 집단면역을 획득하는 편이 상책이라고 생각한 두 나라였지만 그러면서 사망자가 급증하자 영국은 황급히 정책을 변경했다. 스웨덴은 지속적으로 록다운을 하지 않는 방식을 채택하며 나름대로 수습하는 방향으로 가고 있지만 인접 국가에 비하면 인구당 사망자 수가 많은 것은 부정할 수 없다.

어떤 의미에서 예상외인 이 사태는 신형 코로나 바이러스가 이제까지 알려진 바이러스와 다른 성질을 가진 것이 원인이 아닌가 생각한다. 연구가 더 진행되어야 확실히 알 수 있겠지만 다음과 같은 것을 꼽을 수 있다.

① 신형 코로나 바이러스는 면역이 생기기 어려울 수도 있다.

감염되어도 면역이 생기지 않거나 면역력이 약하게 생기는 사람이 많으면 '벽'이 형성되지 않는다.

② 감염이 대단히 불균일한 점도 관계가 있을지도 모른다.

예를 들어 인플루엔자는 겨울 한 철이 지나면 집단면역이 성립된다. 사람들은 겨울 사이에 같은 종류의 바이러스에 걸리지 않는다. 이것은 인플루엔자의 감염력이 대단히 강해서 순식간에 전국으로 확산되고 나이와 무관하게 누구에게나 거의 균일하게 감염하기 때문이다. 광범위하게 단숨에 확 퍼져서 균일하게 걸리므로 오히려 집단면역이 형성되기 쉽다.

그러나 코로나 바이러스는 감염이 대단히 불균일하다. 자신은 감염되었지만 다른 사람에게는 옮기지 않는 사람도 있고 한 명이 많은 사람에게 옮기는 경우도 있다. 이런 사람이 벽의 틈새를 빠져나가면 감염이 급증한다. 그리고 감염된 사람이 고령자거나 당뇨병 등 기저질환이 있으면 높은 확률로 중증으로 치닫는 이 병의 특징이 사망자를 증가하게 하는 결과를 낳는다.

그렇다고 신형 코로나 바이러스가 전혀 집단면역이 생기지 않는 것은 아니다. 강력한 록다운 조치를 하지 않은 일본과 스웨덴에서 감염의 파도가 완전히는 아니지만 어느 정도 완만해진 것은 국소적으로라도 벽이 생겼기 때문이 아닐까?

또 이제까지의 집단면역에 관한 고전적인 시각은 '항체가 생긴 사람'이었다. 그러나 코로나 바이러스에 관해서는 항체 양성률만으로 판단할 수 없을 수도 있다.

항체 외에도 면역에는 자연면역과 T세포 등이 있다고 했다. 이것들에게 감염의 저항성이 존재할 수도 있다. 항체를 조사하는 것만으로는 충분하지 않다는 뜻이다. 어느 쪽이건 집단면역은 추가 연구가 필요한 부분이다.

교차반응을 알아두자

앞에서 열쇠와 열쇠 구멍이 얼추 맞으면 바이러스가 세포 안으로 침입할 수 있다고 했다. 반대로 바이러스의 열쇠 구멍에 항체의 열쇠 모양이 맞으면 그것도 효과가 있다고 했다.

일본을 비롯한 아시아 일부 국가에서의 코로나 바이러스로 인한 인구당 사망자 수는 그 이유는 모르겠지만 유럽과 미대륙에 비해 적은 편이다. BCG 접종 효과나 악수하는 습관이 없다는 문화적 측면 등 여러 가지 이유가 거론되는데, 과거에 신형 코로나 바이러스와 유사한 독성이 약한 코로나 바이러스가 유행한 결과 신형에 대한 면역이 있는 게 아닌가 하는 가설도 있다.

어느 병원체에 일어나는 면역 반응이 다른 유사한 병원체에도 효과가 있는 것을 면역의 교차반응이라고 한다.

감기의 원인인 계절성 코로나 바이러스는 원래 세계 각지에서 관찰되었다. 감염력은 강하지 않으므로 한 번에 전 세계로 퍼지진 않았다.

신형 코로나 바이러스가 유행하기 전에 미국에서 채취한 혈액을 조사한 연구에 따르면 혈액 샘플의 절반에서 신형 코로나 바이러스를 인식할 수 있는 면역세포가 검출되었다고 한다.

즉, 과거에 유사한 바이러스에 감염되었기 때문에 신형 코로나 바이러스에 대한 면역이 생겼을 가능성이 있다는 말이다.

그러면 대략적으로 열쇠가 열쇠 구멍에 맞는다는 말이다. 즉, 교차반응이다.

또한 아시아에 신형 코로나 바이러스가 유행하기 전에 그와 유사한 바이러스가 유행했는데 그때의 면역이 신형 코로나 바이러스에도 효과를 발휘하며 그 면역이 있는 사람이 아시아에 많이 있을 것이라고 생각하는 연구자도 있다. 이것도 상당히 흥미로운 견해다. 그러나 직접적인 근거가 전혀 없으므로 가설로서도 아직은 약하다고 할 수 있다.

죽지 않는
생물이 있다

자, 여기서는 죽음을 다루어보자. 이 장은 병에 관한 장이므로 병사(病死)를 다룰 거라고 생각할 수도 있지만 그렇지 않다. 여기서는 수명이 다해 죽는 것에 관해 생각해보겠다.

인간이 건강하게 살 수 있는 것은 항상성을 유지하기 때문이다. 일정한 상태를 유지하는 힘을 상실하면 인간은 병에 걸린다. 그 원인은 세포다. 세포에 침입한 병원체에 죽임을 당하거나 유전자가 비정상이 되면서 항상성을 잃는다.

또 하나 우리 몸이 일정한 상태를 유지하지 못하는 원인이 있다. 바로 노화다.

아마도 사람들은 '인간은 죽음을 향하여 늙어가는 것이 당연하다'라고 생각할 것이다. 특히 일본인에게는 그 감각이 강하다. '달도 차면 기운다', '시작하는 모든 것에는 끝이 있다'는 말도 있지 않은가.

여러분은 '엔트로피 증가의 법칙'을 알고 있는가? 이것은 물리학 법칙으로 굉장히 단순화해서 말하자면 모든 물질과 에너지는 서서히 무질서해진다는 내용이다. 즉, 모든 것이 흩어지면서 조각조각 난다는 말이다. 그러므로 이 법칙에 기초하자면 생물도 언젠가는 반드시 소멸하는 것이 당연하다.

그러나 에르빈 슈뢰딩거(Erwin Schrodinger, 1887~1961)라는 오스트리아의 물리학자는 다음과 같은 말을 했다.

"생물은 엔트로피의 증가를 상쇄함으로써 안정된 상태를 유지한다."

즉, 생물은 존재함으로써 죽음이라는 엔트로피 증가에 저항하는 시스템이라는 뜻이다. 그리고 나를 비롯한 생명과학자들은 생명의 원리를 조사할수록 그 생각에 강하게 동의하게 된다.

생물이 결국에는 엔트로피의 증가에 저항하지 못한다 해도 생명은 그 탄생한 해로부터 몇억 년에 걸쳐 엔트로피 증가에 저항하며 질서를 유지해왔다.

세포의 장점은 항상성을 유지하는 것이라고 했다. 질서 유지는 다시 말해 항상성을 유지하는 것이다. 시스템으로서의 생명은 놀랄 만큼 정밀하고 교묘한 항상성 유지 시스템을 만들고 있다.

그러면 중대한 의문이 생긴다. 항상성을 유지할 수 있는데 왜 개개의 생물은 노화하는 것일까? 그리고 죽는 것일까? 이런 의문이다.

인간은
죽지 않을 수도 있다

그러면 생물은 왜 죽을까? '원래 생물은 언젠가 죽는다고 정해져 있으니까'라는 의견이 나올 것이다. 생물은 유전자를 자손에게 남기고 죽는 것이 당연하다고 우리는 배워왔다. 그러나 실은 죽지 않는 생물이 있다는 것을 알고 있는가?

작은보호탑해파리라는 해파리는 죽지 않는다. 영어로는 'Immortal Jellyfish', 즉 죽지 않는 해파리라고 불린다. 일본에서도 홋카이도에서 오키나와에 이르는 광범위한 지역에서 서식하며 직경은 최대 1센티미터로 작은 편이다. 작은보호탑해파리의 영생불사에 관한 연구가 진전되면 '생물은 본래 죽게 되어 있지 않다'는 것을 입증할 수 있을 것이다.

그러면 점점 더 의문이 솟아난다. 왜 작은보호탑해파리 이외의 생물은 죽는 걸까? 여기서부터는 '아마도'라는 추정이다. 증명할 수는 없지만 인간이 죽는 것은 진화와 크게 관계가 있다고 생각하는 연구자들이 있다.

'상당수의 생물은 진화하는 과정에서 죽는 편이 유리했기 때문이 아닐까'라는 가설이 나오고 있다. 죽는 편이 유리하다니, 그게 무슨 뜻일까? 그것은 죽는 편이 종의 멸종을 막아주기 때문이다.

만약 죽지 않고 영원히 산다고 하면 어떨까? 그러면 어떻게 될지 상상해보자. 먼저 자손이 태어나기 어렵다. 죽지 않으므로 자손을 남길 필요가 없다. 만약 자손이 태어났다 해도 오래된 개체가 계속 살아 있으면 '인구 폭발'이 일어난다. 식량 부족으로 전멸할 수도 있고 서로 잡아먹기 시작할 수도 있다. 또 나이든 개체가 너무 많으면 외부의 적이 습격했을 때 제대로 상대도 못하고 패배할 것이다.

그리고 자손이 생기지 않는 것은 유전자 변이에 의한 진화도 일어나기 힘들다는 말이다. 2장에서 말했듯이 개체 수준에서도 유전자에 변이가 일어나지만 그 변이를 다음 세대에 전하지 않으면 그 세대에서 변이가 끝나버린다. 대를 이어감으로써 유전자 변이는 활성화된다.

예를 들어 생물에 날개가 생겨서 하늘을 날 수 있게 되는 것은 변이가 몇 세대에 걸쳐 이어지면서 가능했다. 세대교체가 없으면 어쩌다가 날개가 생겨도 그 개체에서 끝날 수 있다. 날개가 생긴 것들끼리 자손을 남김으로써 날개가 생긴 생물이 정착한다. 인구 폭발을 피하고 변이를 전달해 진화하기 위해서는 죽는 것이 중요했다고 생각하는 이유를 이제 알았을 것이다.

그러면 반대로 작은보호탑해파리는 왜 죽지 않을까? 답은 아직 찾지 못했지만 작은보호탑해파리는 진화 경쟁에서 벗어나 있는 듯 없는 듯 살아가는 길을 택한 게 아닐까? 다른 종과 되도록 다투지 않도록, 눈에 띄지 않도록 노력한 것일 수도 있다.

다른 종과 생존경쟁을 하지 않아도 된다면 굳이 죽을 필요가 없다. 작은보호탑해파리는 얼마 전까지만 해도 죽지 않는다는 것이 알려지지 않았다. 얼마나 비주류의 삶을 사는 생물인지 느낌이 올 것이다.

작은보호탑해파리는 죽지 않을 뿐 아니라 젊어지기까지 한다. 이 해파리를 키우던 사람이 그 점을 알아차렸다. 해파리가 번식 후 죽지 않고 '폴립(Polyp, 해파리 같은 동물이 거치는 상태 중 하나—옮긴이) 상태', 즉 영유아 상태로 돌아간 것이다.

아마도 작은보호탑해파리 이외에도 죽지 않는 생물이 있었을 것이다. 그러나 그들은 작은보호탑해파리처럼 숨죽여 살지 않았을 것이다. 다른 종과의 치열한 생존경쟁에 노출됨으로써 죽지 않는 생물은 도태되고 죽는 생물이 살아남은 것이다. 개체가 죽는 집단이 압도적으로 생존에 유리했을 것이다.

다시 한 번 말하지만 과학은 검증이 중요하다. 같은 일을 재현할 수 있어야 비로소 가설이 진실에 다가간다. 그런데 진화는 몇만 년이나 걸리는 현상이므로 재현할 수 없다. 다만 실험은 불가능하지만 작은보호탑해파리의 존재처럼 '죽음은 필연이 아니라는' 것을 나타내는 증거를 모을 수는 있다.

죽지 않는 생물이 존재하는 것은 무엇을 시사할까? 인간도 미래에는 죽지 않고 영원히 살 수도 있다는 점이다.

인간은 의도적으로
노화를 선택했다

"할아버지가 노환으로 돌아가셨어요."

노환으로 죽었다고 하면 호상(好喪)이라고 생각하기도 한다. 여기서는 인간이 절대로 피할 수 없는 '노화'에 관해 알아보자. 노화가 뭐냐고 물으면 여러분은 뭐라고 대답할까?

'체력이 떨어지는 것', '얼굴에 주름이 생기는 것', '달릴 수 없게 되는 것', '병에 쉽게 걸리는 것' 등을 꼽을 수 있는데, 전부 정답이다. 한마디로 '노화는 사망률이 올라가는 것'이라고 생각하면 된다.

"왜 나이를 먹으면 허리가 꼬부라져요?"

아이들은 종종 이렇게 묻는다.

"그건 말이지, 노화라고 해서 살아 있는 것들은 모두 나이를 먹으면 몸이 약해지거든. 어쩔 수 없는 일이야."

어른들은 이런 대답으로 끝낸다.

그런데 이 대답은 사실은 잘못된 답이다.

노화하지 않는 생물도 존재하기 때문이다. 나이는 먹지만 노화하지 않는 생물이 존재한다.

인간의 경우는 나이를 먹으면 확실히 죽기 쉬워진다. 작은보호탑해파리조차 죽지 않고 젊어지지만, 젊어지기 전까지는 노화한다. 그런데 죽음이 필연이 아닌 것처럼 노화도 필연은 아니다.

짧은꼬리알바트로스나 쥐의 일종인 벌거숭이두더지쥐는 살아 있는 동안 완벽하게 건강한 상태를 유지하다가 정해진 수명을 다하면 갑자기 죽는다. 인도의 동물원에서 사육된 아드와이타라는 알다브라 육지거북은 사망할 때 젊은 거북과 전혀 구별이 되지 않았지만 실제 나이는 무려 250살이었다. 그러나 겉보기에는 젊은 채로 돌연사한 것이다.

이것은 어떤 뜻일까?

인간을 비롯해 다른 많은 생물은 의도적으로 노화하고 있다는 의미다. 노화를 죽음과 마찬가지로 진화 과정에서 일부러 선택했을 가능성이 높다.

그렇다면 이유가 뭘까?

여러 가지 논의가 있지만 이것도 죽음과 마찬가지로 '멸종을 피하기 위해서'라는 설이 유력하다. 노화하는 개체가 있으면 만약 집단 전원이 기아나 역병에 습격당했을 때 먼저 죽거나 감염되는 것은 당연히 노화한 쪽이다. 노인이 먼저 시간을 벌어주면 젊은 개체는 살아남을 확률이 커진다.

감염증만이 아니다. 외부의 적으로부터 몸을 보호할 때도 마찬가지다.

야생쥐가 만약 노화하지 않는다면 야생쥐 집단에서 가장 움직임이 느린 것은 새끼쥐가 된다. 그러면 야생쥐를 포식하는 올빼미는 새끼쥐만 잡아먹을 것이다. 그러면 야생쥐의 자손은 없어지고 결국은 모두 전멸한다. 여기에 늙고 허약해진 야생쥐가 있다면 새끼쥐만 잡아먹힐 가능성이 줄어든다. 그러므로 늙은 쥐가 잡히는 것이 집단의 전멸을 막는 방법이 된다.

이런 이야기를 하면 극단적으로 "그렇군요. 그게 자연계의 법칙이니까 인간도 젊은 세대를 위해서 어르신을 희생시켜도 되겠네요."라고 말하는 사람이 나올 수도 있다. 그러나 생물학적 가설을 진화하여 지성을 갖춘 인간 사회에 그대로 적용할 수는 없다.

'늙은이는 죽는 게 낫다'는 논쟁은 지나치게 단정적이다. 이 점에 대한 자세한 설명은 나중에 다시 하겠다.

인간은 엄청난 속도로
노화한다

이유는 분명하지 않지만 상당수 생물의 '죽음'도 '노화'도 의도적으로 선택한 결과일 것이라고 앞에서 말했다. 그중에서도 인간은 죽음과 노화를 대단히 적극적으로 선택했을 가능성이 크다.

노화하는 속도도 인간은 빠른 편이다. 인간은 20~30대에 생식 활동을 가장 활발하게 한다. 70세에 아이를 만드는 남성도 없지는 않지만 매우 드문 경우다. 그런데 죽기 직전까지 생식활동을 하는 생물은 얼마든지 있다.

인간에 가까운 생물 중에는 원숭이가 임신할 수 있는 시간이 굉장히 길다.

원숭이의 평균수명은 종류에 따라 조금씩 다르지만 20세 전후인데 20세가 지나도 출산을 할 수 있다. 그뿐 아니라 새끼를 키운 경험이 있으므로 늙은 원숭이가 젊은 원숭이보다 인기가 있다고 한다. 젊은 개체가 인기가 있는 것은 인간 정도다. 인간은 역시 생물로서 특수한 존재일지도 모른다.

노화로 인해 살아남은 인류가
지금 노화를 거부하고 있다

인간은 생물 가운데 가장 '진화'한 생물이 되었다. 세균 등 인간보다 수가 많은 생물은 있지만 인간은 현재 분명히 다른 생물과의 생존경쟁에서 이기고 있다.

죽음과 노화를 선택한 것이 생존에 도움이 되었는지는 실험을 통해 확인할 수 없으니 인과관계라고 할 수는 없다. 그래도 유력한 가설이긴 하다.

이제부터는 흥미로운 사안이 떠오른다.

인간은 죽음과 노화를 적극적으로 선택해 생존해왔음에도 지금 그것을 거스르려 하고 있다는 점이다.

많은 이가 '오래 살고 싶어!', '늙고 싶지 않아!'라고 소망한다. 안티에이징 제품(항노화제품)이 날개 돋친 듯 팔린다.

실제로 수명도 인위적으로 증가하는 추세다. 2019년 일본인의 평균수명은 여성이 87.45세, 남성은 81.41세로 여성은 7년 연속, 남성은 8년 연속 최고치를 경신하고 있다. 여성은 세계 2위의 고령이다(일본 후생노동성 자료 참고).

200년쯤 전, 어느 산촌에 사는 주민들의 평균수명을 조사한 결과에 따르면 남녀 모두 30세를 넘기지 못했다. 당시에는 유아 사망률이 무척 높았던 점을 감안해도 수명은 놀랄 만큼 길어졌다. 생물학적으로 인간의 몸이 120세 정도까지 살 수 있다는 가설이 있다. 다만 병에 걸려서 그만큼 살지 못하는 것이다.

죽지 않는 것은 좋은 일인가?
나쁜 일인가?

그런데 지금 사람들은 과학의 힘을 이용해 노화에 제동을 걸고, 심지어는 죽음을 막는 것도 꿈이 아니지 않을까 하는 열망에 사로잡혀 있다. 이것을 어떻게 해석할지는 인류의 미래를 생각할 때 무시할 수 없는 문제다. 1장에서 게놈 편집 문제를 예로 들며 여러분에게 인류의 삶의 방식을 물었는데, 과학을 어떻게 이용할지는 매우 중요한 문제다.

예를 들어 연명치료를 들 수 있다. 자연을 거스르는 것은 좋지 않다는 사고방식도 존재한다. 그 생각의 종착점은 의료행위 거부다.

4장부터는 드디어 세포의 미래에 관해 소개한다. 세포의 미래는 질병을 치유하고 나아가 불사(不死)를 목표로 하는 사회다.

4장을 펼치기 전에 여러분에게 다시 한 번 묻고 싶다. 노화와 죽음이 없는 미래는 좋은 것일까? "당연히 좋죠!"라고 손뼉을 치며 좋아하면서도 마음 한구석에는 두려움으로 소름이 끼치지는 않는가?

이 질문에 정답은 없다. 과학을 어떻게 이용하는가까지는 과학은 답을 갖고 있지 않기 때문이다. 여러분의 대답은 각기 다를 것이다. 참고로 내 생각을 털어놓겠다.

죽지 않게 되는 것은 어렵지만 평균수명은 증가하고 있다. 더 늘어날지도 모른다. 그런데 문제는 노인이 병에 걸리는 점이다.

일본 후생노동성은 타인의 간병을 받거나 자리보존한 채 누워 지내지 않고 생활할 수 있는 '건강수명'을 산출한다.

최신 통계에 따르면 남성은 72.14세, 여성은 74.79세였다(일본 후생노동성 통계).

즉, 만년 7~13년 정도는 남의 보살핌을 받거나 누워지내야 한다는 말이다. 이것은 불행하기 짝이 없는 일이다. 아무리 수명이 증가해도 병으로 고통받으며 살아야 하는 삶은 절대로 행복하다고 할 수 없다.

이 기간을 줄여서 건강수명을 평균수명에 근접시킬 수 없는지, 나를 비롯한 많은 연구자와 의사가 그 방법을 생각하고 있다. 즉, 노화 방지다.

죽음은 피할 수 없어도 생명과학의 힘으로 인간도 짧은꼬리알바트로스나 벌거숭이두더지쥐처럼 죽기 직전까지 젊고 건강한 상태로 지내도록 할 수 있지 않을까? 나는 진지하게 생각한다.

진화를 거스르는 행위로 보일 수도 있지만 나는 과학을 이용하게 된 것 또한 진화의 결과라고 생각한다. 진화함으로써 인간의 뇌가 커지고 과학과 기술을 반전시킬 수 있었다는 견해도 있다. 지성이라는 것을 획득한 이상, 과거로 돌아갈 수는 없지 않을까. 예를 들어 21세기인 지금, '상처로 세균이 들어갔지만 항생물질을 사용하지 않는' 것은 현실적이지 않다.

인간은 진화로 얻은 과학의 힘을 좋은 방향으로 사용해야 한다. 좋다, 나쁘다를 정의하는 것은 어려운 문제이지만 생물이 종의 존속, 유전자의 계승을 목적으로 한다면 노화하지 않고도 종이 절멸하지 않는 상황을 만들면 된다.

실제로 인간은 그렇게 해왔다. 지혜를 발휘해 천적에게 자손이 잡아먹히지 않는 집단을 형성한 것이 우리 인간이다. 인간은 포식당할 위험이 없어졌다.

다만 암이나 알츠하이머, 그리고 많은 감염병 등 질병과 싸워서 이기진 못했다. 이런 질병과 어떻게 마주할지가 21세기의 중요한 과제다.

이것으로 3장을 마친다. 4장에서는 세포의 미래를 소개하겠다. 나의 전문분야인 '오토파지'를 다루는데, 오토파지는 세포 전체를 젊게 하는 기능이므로 다양한 병을 극복할 가능성을 갖고 있다. 병을 치유하는 방법은 다양하지만 오토파지를 이해하면 세포의 미래를 알 수 있을 것이다.

4장

세포의 미래인
오토파지를 이해하자

오토파지는
세포를 젊어지게 한다

지금까지 세포의 기초지식과 병에 관해 살펴봤다. 이제부터는 세포의 미래 즉, '노화를 억제하는 것'과 '수명을 늘리는 것'에 관해 알아보자.

늙지도 않고 죽지도 않는다고? 이게 무슨 허풍이야? 이렇게 생각하는 사람도 있겠지만, 지금 말한 세포의 미래는 노화와 죽음에 의학적으로 개입해 그것들을 완전히 없앨 수는 없어도 늦출 가능성이 있는 미래를 말한다. 나의 전문분야인 자가포식, 즉 오토파지는 그런 미래를 실현하는 데 커다란 가능성을 지니고 있다.

우리가 어제와 다름없는 오늘을 보낼 수 있는 것은 세포가 '언제나 같은' 상태, 즉 항상성을 유지해주기 때문이다. 이 항상성이 무너지는 원인이 질병과 노화다.

오토파지는 간단히 말하면 세포 속의 항상성을 유지하는 역할을 하는 것이다. 항상성이 무엇인지는 이제 잘 알고 있을 것이다. 언제나 같은 상태를 유지하는 것, 그것이 항상성이다.

그러므로 오토파지를 이해함으로써 병에 걸리는 것을 방지하거나 노화 속도를 완만하게 하여 건강한 기간을 늘릴 가능성이 보이기 시작한 것이다. 이미 암과 감염병, 알츠하이머 등에 새로운 치료법을 제시할 수 있지 않을까 하는 기대가 몰리고 있다.

오토파지는 예상치 못한 분야에서도 주목받고 있다. 바로 화장품 업계다. '안티에이징', '아름다운 피부'와의 관계성을 모색하고 있다. 쉽게 말하자면 일반적으로 오토파지를 '회춘' 기능이라고 해석하는 것이다.

실은 얼마 전까지는 비주류 연구였던 오토파지이지만 최근에는 전문학술지뿐 아니라 일반 건강잡지나 미용잡지, 정보지에도 언급되는 등 '시민권'을 획득했다.

아마도 앞으로 점점 장수사회가 되어가면서 오토파지에 관한 관심이 더 커질 것이다. 오토파지가 어떤 원리의 시스템이며 어떤 역할을 하는지 배우는 것은 현 단계에서의 노화와 수명에 관한 최신 정보를 입수하는 것이다. 물론 여러분의 건강과 노화에 대한 생각도 올바르게 정립될 것이다.

이 책 마지막에는 지금부터 당장 할 수 있는 일상생활에서의 오토파지를 활성화하는 방법, 즉 노화 속도를 늦추는 방법도 알려준다.

오토파지는 세포 속의 아주 작은 현상이지만 엄청나게 큰 가능성을 지니고 있다. 이 장에서는 오토파지의 크나큰 가능성을 살펴보자.

오토파지는
세포 속의 물질을 분해한다

　오토파지가 뭐냐고 누군가 묻는다면 나는 '세포 속에 있는 물질을 회수하여 분해하고 재활용하는 현상'이라고 답하겠다.

　오토파지는 세포의 항상성을 유지하는 작용을 한다고 말했다. 우리는 오토파지 덕분에 어제도 오늘도 변함없는 몸으로 살수 있다.

　오토파지는 매일 세포 속의 '부품'을 조금씩 분해해 바꾸는데, 그 외에도 여러 가지 기능을 한다. 어떤 기능이 있는지 찬찬히 살펴보자.

청소차가 쓰레기를
재활용 공장에 운반하는 것

2장에서 세포의 교통망을 설명한 것을 떠올려보자.

오토파지는 교통망의 일종이다. 트럭과 같은 것이 있다고 생각하면 된다. 짐을 발견해 그것을 싣고 분해 공장까지 운반하는 '작용'을 가리킨다.

물론 이것은 비유이므로 실제 세포 속에 트럭은 없다. 트럭 대신 막이 있다. 세포 속 여러 가지 물질을 봉지 상태의 막이 감싸서 운반한다.

먼저 오토파지는 전체 진행 과정을 가리킨다. 오토파지는 격리막이라는 평평한 막이 형성되는 것에서 시작한다(이름은 굳이 외우지 않아도 된다). 실은 이 막도 봉지인데 납작하고 편평하다. 그리고 막이 늘어나면서 형태를 바꾸어 그 주변에 있는 단백질 등을 감싼다. 격리막은 그것들을 감싸면서 구형이 되도록 형태를 바꾸어간다. 작고 평평한 접시가 밥공기처럼 둥글어지고 항아리 모양으로 변한다.

그리고 마지막으로 막이 닫히고 항아리에서 주머니 모양의 봉지가 된다. 이것을 자가포식소체(Autophagosome)라고 한다. 그 뒤 분해 공장인 리소좀(Lysosome)까지 운반하는데, 이런 일련의 과정을 오토파지라고 한다. 리소좀에 대해서는 뒤에 다시 설명하겠다.

감싸는 것은 단백질 같은 고분자도 있고 세포소기관도 있다.
보통은 무작위로 남김없이 감싸지만 목표물을 감싸는 경우도 있다. 그에 대해서도 뒤에 다시 설명하겠다.

오토파지는 계층으로 따지면 세포소기관에서 일어나는 과정이라고 할 수 있다. 크기는 직경 100만분의 1미터(1,000분의 1밀리미터)다.
세포 내에는 '리소좀'이라는 세포소기관이 있다. 이것은 소화효소가 들어 있는 주머니로 여기서 온갖 물질을 분해한다. 즉, 분해 공장 같은 존재다. 세포 내에는 노선도 있으며 자가포식소체는 이 노선을 타고 회수한 것들을 리소좀에 운반한다.
자가포식소체도 리소좀도 막으로 이루어진 봉지다.
세포 속에서는 막 안에 있는 것을 또 하나의 막에 건네고 싶을 때는 서로 융합한다. 자가포식소체와 리소좀의 막이 하나가 됨으로써 내용물이 섞인다. 이 상태의 봉지를 자가 리소좀이라

그림 9. 오토파지는 주위에 있는 것을 전부 감싼다

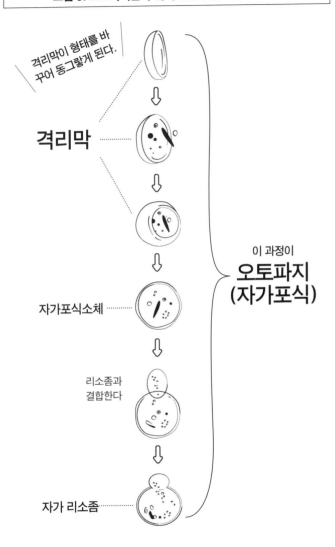

격리막이 형태를 바꾸어 동그랗게 된다.

격리막

자가포식소체

리소좀과
결합한다

자가 리소좀

이 과정이
**오토파지
(자가포식)**

4장 세포의 미래인 오토파지를 이해하자

고 한다.

리소좀에는 주워 모은 것들을 각각 분해하는 효소가 있다. 단백질이면 분해되어 아미노산이 된다. 그렇게 해서 생긴 아미노산은 자가 리소좀 막에 있는 작은 구멍을 통해 밖으로 배출되어 재활용된다. 다시 한 번 단백질의 재료가 되거나 에너지원으로 쓰이는 것이다.

단백질은 음식으로 흡수한다고 생각할 수도 있지만 인간의 세포 속에서 생성되는 단백질은 상당수가 오토파지로 생긴 아미노산을 재활용한 것이다. 즉, 단백질을 여러 번 사용하는 것이다. 아주 효율적이고 친환경적인 시스템이라 할 수 있다.

오토파지는 무엇을 위해
작용하는가

앞에서 오토파지가 어떻게 움직이는지 알아보았다. 여기서는 오토파지가 무엇을 위해 그렇게 작용하는지 살펴보겠다.

오토파지는 '세포 안에 있는 물질을 회수해 분해하고 재활용하는 현상'이라고 했다. 여기에는 다음과 같이 크게 세 가지 역할이 있다.

① 기아 상태가 되었을 때 세포의 내용물을 오토파지 기능으로 분해해 영양원으로 삼는다.
② 세포의 신진대사를 한다.
③ 세포 내의 유해물질을 제거한다.

이 세 가지다. 가장 처음에 발견한 것이 첫 번째 역할인데 인간의 질병을 생각할 때는 두 번째와 세 번째 역할이 중요하다.

첫 번째 역할은 오토파지가 처음 발견되었을 때부터 추측되었다. 그리고 나중에 알았는데 효모에서 인간까지 아마 모든 진핵생물에게 있는 가장 기본적인 오토파지의 역할이다.

왜 처음부터 추측되었는가 하면 쥐를 기아 상태로 만들자 간 세포에서 자가포식소체와 자가 리소좀이 다량 발견되었기 때문이다. 기아 상태일 때 나타난다는 것은 분명히 영양소로 삼기 위해서라고 생각한 것이다.

특히 효모에서 이 기능은 중요하다. 효모는 단세포생물이다. 세포가 하나밖에 없으므로 영양을 비축할 여유가 없고 끊임없이 주위 환경에서 영양을 흡수해야 한다. 만약 주변에 영양이 될 만한 것이 없는 경우에는 오토파지를 활성화하여 세포의 내용물을 분해해 영양원으로 삼지 않으면 곧바로 죽어버린다.

한편 쥐나 인간 같은 포유류는 다세포이므로 영양을 비축하는 세포가 따로 있다. 그러므로 가령 오토파지가 기능하지 않아도 비축한 영양이 많이 있으면 별문제가 없다.

그런데 그렇지도 않다는 점이 쥐의 유전자 조작 실험으로 밝혀졌다. 어떤 약을 복용하여 전신의 오토파지 기능이 멈추도록 한 쥐를 하룻밤 굶겼더니 심각한 저혈당 상태가 되어 죽은 것이다. 이는 다른 세포가 아무리 영양을 비축해둬도 역시 오토파지에 의한 영양 공급이 중요하다는 점을 일깨워준다.

효모에서 인간에 이르기까지 오토파지가 매우 중요하다는 것을 알 수 있다.

그리고 포유류에는 포유류밖에 없는 오토파지에 의한 영양 공급이 매우 중요한 순간이 평생 딱 한 번 있다. 그게 언제일까?

오토파지가
중요한 순간

만약 태어나기 전부터 오토파지가 기능하지 않았다면 어떻게 될까? 이것을 조사하기 위해 태아일 때부터 전신의 세포에서 오토파지가 일어나지 않도록 한 쥐로 실험을 한 적이 있다. 이 쥐들은 태어난 지 24시간 이내에 반드시 죽었다. 자세히 살펴보았더니 이 쥐는 젖을 빨지 못했다. 그리고 뇌에서만은 오토파지가 가능하고 몸의 다른 세포에서는 불가능한 쥐를 만들었더니 죽지 않았다. 그러므로 '뇌에서 젖을 빨라고 지시를 하지 못하게 된 것'이 온몸에서 오토파지를 하지 못하는 쥐의 사인임을 알았다.

그러나 오토파지의 역할은 그뿐만이 아니었다. 모친과 연결된 탯줄이 끊기고 영양 공급이 끊긴 아기쥐는 근육과 간에서 오토파지를 엄청나게 활성화하여 영양을 만들고 있었다.

갓 태어난 보통 쥐는 젖을 먹지 않으면 당연히 죽음에 이르지만 24시간은 살 수 있다. 그런데 오토파지를 할 수 없는 쥐는 생후 12시간 내에 죽는다는 것이 밝혀졌다. 즉, 태어났을 때 어미

쥐로부터 영양 공급이 끊겨서 기아 상태가 됐을 때도 전신의 세포에서 오토파지를 활발하게 하여 영양을 만들어서 생존할 수 있는 것이다. 인간으로 실험을 할 수는 없지만 아마 인간도 같은 결과일 것이다.

절식했을 때와 태어났을 때 이외에도 개개의 세포에서 자가포식의 영양 공급이 중요한 경우가 있다. 예를 들어 태반을 만들 때 태아 쪽의 세포가 모친의 자궁벽에 스며드는데, 그때 그 태아의 세포는 자가포식으로 영양을 공급한다.

일반적으로 세포는 혈액에서 영양을 흡수하지만 자궁벽에 스며들 때는 그렇게 할 수 없기 때문이다. 오토파지를 이용한 영양 공급의 예는 그 밖에도 다양하다.

그런데 만약 오토파지의 역할이 '영양을 섭취한다'가 전부라면 아마도 지금처럼 연구가 활성화되진 않았을 것이다.

영양 공급도 중요하지만 오토파지에는 더 중요한 역할이 두 가지나 있다. 그 두 가지가 많은 연구자의 흥미를 끌었다. 다음은 그에 관해 알아보자.

매일 240그램의 단백질이 분해되어
새로운 단백질로 탄생한다

그러면 이제 오토파지의 두 번째 역할을 살펴보자. 오토파지는 세포의 내용물을 바꾼다. 즉, 항상 세포는 신진대사를 한다.

세포가 바뀌는 것은 분명 여러분도 쉽게 상상할 수 있을 것이다. 알기 쉬운 것은 피부 세포다. 아래에서 새로운 세포가 태어나고 대체된다. 때는 죽은 세포다. 세포가 대체되는 것은 이렇게 세포가 죽고 다시 새로운 세포로 바뀐다는 말이다. 세포가 이렇게 죽어가는 사이 자가포식은 세포를 깨끗하게 해준다.

즉, 세포의 대체는 세포의 계층뿐 아니라 세포소기관보다 하위 계층에서도 일어난다. 예를 들어 세포의 단백질이다. 여러분은 매일 대체로 70그램의 단백질을 고기나 달걀, 우유 등 식사로 섭취한다. 한편 몸무게가 60킬로그램 정도인 성인의 경우, 몸의 세포 안에서는 하루에 약 240그램의 단백질이 합성된다. 앞뒤가 안 맞아 보일 것이다.

게다가 식사로 섭취한 단백질은 위와 장에서 분해되고 아미노산이 된 뒤에는 통상 거의 전량이 에너지로 쓰인다. 단백질이 되지 않고 대부분 에너지로 쓰여서 사라지는 것이다.

그렇다면 세포는 어떻게 해서 240그램의 단백질을 만드는 것일까?

실은 이미 세포 안에 있는 240그램의 단백질은 주로 오토파지로 분해한 것이다. 240그램이라고 하면 많은 양으로 느껴지지만 37조 개의 세포 하나하나를 생각하면 겨우 몇 퍼센트에 지나지 않는다. 매일매일 각 세포 속 단백질의 몇 퍼센트만을 분해한 뒤 다시 만들고 있는 것이다.

또 오토파지는 낡아서 더이상 사용할 수 없는 쓰레기만 주워 모으는 게 아니라 그 주위에 있는 것을 오래되었건 새것이건 상관없이 닥치는 대로 회수해서 부순다.

여러분은 정말 이상하게 느낄 것이다. 만드는 것도 분해하는 것도 에너지가 필요하다. 일부러 에너지를 이용해 분해하여 같은 것을 다시 만드는 게 무슨 의미가 있을까? 오랫동안 이것은 수수께끼로 남아 있었는데 오토파지 연구가 진행됨으로써 건강 유지와 대단히 강한 연관이 있음을 알아냈다.

또 오토파지를 멈추게 한 쥐 실험 결과가 있다. 유전자 조작으로는 특정한 장기나 조직, 예를 들면 간이나 위만 오토파지를 하지 않는 쥐를 만들 수 있는데 그 결과 오토파지가 기능하지 않는 장기에서 질병이 발생했다. 세포에 아무 문제가 없는 상태여도 항상 세포 안을 부수며 다시 만드는 작업이 얼마나 중요한지 알 수 있는 실험이다.

알기 쉬운 예를 들어보자. 여러분이 자동차를 새로 샀다고 하자. 10년 정도 탄 차면 잘 쓸 수는 있겠지만 겉보기에도 기능도 완전히 중고차다. 다만 고장 나지 않아도 매일 부품을 새로 교환하면 어떨까? 오늘은 자동차 핸들, 내일은 엔진, 이런 식으로 교환하면 수십 일이 지나면 그 자동차는 새 차가 되고 계속 교환을 하면서 그 상태를 유지할 수 있다.

나는 오토파지에 의한 세포의 내용물의 신진대사를 설명할 때 파르테논신전과 이세신궁(伊勢神宮)을 즐겨 비유한다. 둘 다 1,500년 이상 전부터 존재하는 신전이다. 파르테논신전은 예술적이고 단단한 돌로 지어졌는데 세월이 흐름에 따라 아무래도 낡아 있다.

그런데 이세신궁은 목조로 지었는데도 계속 새것 같다. 이게 어떻게 된 일일까? 여기에는 트릭이 있다. 아는 사람은 알겠지만, 20년에 한 번 행사가 있어서 신궁 근처에 같은 넓이의 부지를 마련하고 20년이 지나면 그 부지에 완전히 똑같은 건물을 새로 짓는다. 건물이 완성되면 오래된 신궁을 부순다. 목조지만 이런 식으로 완전히 새로 지음으로써 좋은 상태를 유지한다. 발상의 전환이 기발하다.

아무리 뛰어나고 견고한 건물도 세월이 지나면 낡고 부실해진다. 엔트로피 증가의 법칙을 떠올리자. 그러므로 오랫동안 수명을 늘릴 생각은 아예 하지 않고 '부수고 다시 짓는 방식(Scrap and Built)'을 택한다. 일본인다운 발상인데 세포도 이와 같은 일을 하고 있다.

인간이 건강한 것은 항상성을 유지하고 있기 때문이라고 앞에서도 여러 번 말했다. 세포의 신진대사는 그야말로 항상성을 유지하는 근간이다. 항상성을 유지하기 위해 굳이 부수는 것이 매우 흥미롭다. 물론 그 뒤 다시 짓는다는 전제하에서 말이다.

또 이 세포 내의 신진대사는 단백질뿐 아니라 다른 고분자와 세포소기관, 초분자 복합체와도 동일하다.

노벨상 수상으로 이어진
효모의 오토파지를 발견한 순간

오스미 요시노리 교수가 노벨상을 수상한 연구는 효모도 오토파지를 한다는 것을 발견한 데서 출발했다. 다른 연구자가 아무도 주목하지 않았던, 소화하는 세포소기관인 '액포(Vacuole)'라는 기관에 관심을 가진 것이 계기였다.

이것은 동물의 리소좀에 해당한다. 액포는 오랫동안 식물이나 효모의 세포 내 노폐물을 담아두는 곳으로 인식되었고 그것을 살펴보는 사람은 거의 없었다. 실제로 관찰했지만 아무것도 보이지 않았다.

그러나 오스미 교수는 액포가 분해효소를 갖고 있다는 점에 주목했다. 즉, 액포의 '분해'라는 기능이 생명에 중요한 요소가 아닌가 하는 생각이 든 것이다. 1980년대 말이었다.

당시 생명과학의 주류는 합성이었으며 분해는 중요하다고 여기지 않았다. 오스미 교수는 자신의 작은 연구실을 갖고 있었으므로 그 가설을 확인하기로 했다.

먼저 기아 상태의 효모를 관찰했다. 효모는 기아 상태가 되면 살아남기 위해 세포 내부를 바꾸어서 휴면하는 것으로 알려졌다. 그는 액포 속에서 어떤 일이 일어난다면 그것은 세포 내부가 바뀌는 때일 것이라고 생각했다.

그 무렵에는 연구비가 넉넉하지 않았다. 연구의 중요성을 별로 인정받지 못했기 때문이다. 그래서 그때 하나밖에 없는 별로 성능이 좋지 않은 현미경을 이용해 액포를 관찰했다. 하지만 아무 일도 일어나지 않았다. 오스미 교수는 거기서 단념하지 않았다. 아무 일도 일어나지 않는 것이 아니라 분해 속도가 너무 빨라서 보이지 않는 건 아닐까 생각했다.

그래서 미국에서 분해효소를 갖지 않는 효모를 조달해 그 효모를 관찰했다. 분해효소를 갖지 않는 효모와 비교하면 먼저 물질이 분해되기 전의 상태를 관찰할 수 있을 것 같았기 때문이다.

그 효모를 기아 상태로 만들어 한동안 두자 액포에 작고 검은 알갱이가 쌓이고 움직이는 것이 보였다.

무언가에 의해 액포 내에서 분해된 것이 운반되는 것이 틀림없었다. 세계 최초로 효모에서 오토파지가 목격된 순간이었다. 그는 흥분해서 그 연구에 관해 아무것도 모르는 사람들까지 붙잡고 자신이 뭘 발견했는지 떠들었다고 한다. 아르키메데스가 목욕탕에서 부력의 원리를 발견하고 "유레카(알았다)!"라고 외치면서 벌거벗은 채로 거리에 뛰쳐나간 일화를 연상하게 한다.

오스미 교수는 액포가 대단히 커서 관찰하기 쉬운 것도 효모를 이용할 때의 장점임을 알아차렸다. 아니나 다를까 배율이 높지 않은 저렴한 현미경으로도 검은 알갱이가 생기는 것을 발견할 수 있었다. 연구라는 것

은 돈만 많이 들이면 되는 것이 아니다. 돈이 없어도 지혜가 있으면 대발
견을 할 수 있다. 물론 연구자에게 연구비를 줄 필요가 없겠다고 하면 곤
란하지만 말이다.

오스미 교수는 연구를 계속해서 지금은 동물을 대상으로는 잘 알려진
오토파지와 마찬가지로, 효모의 세포 내에 격리막이 형성되어 단백질
등을 감싸고 그것이 액포와 융합해 감싼 내용물을 분해하는 양상도 확
인했다.

그리고 오토파지에 관여하는 유전자를 찾았다. 약을 이용해 효모의 게
놈에 무작위로 상처를 내고 기아 상태에서 관찰하는 작업을 5,000번 이
상 했다.

그러자 액포에 알갱이가 쌓이지 않는 효모가 딱 한 개 있었다. 액포에 알
갱이가 쌓이지 않는 것은 오토파지가 기능하지 않는다는 말이다. 즉, 유
전자의 어딘가에 들어간 상처 때문에 그 유전자가 작동하지 않게 되어
오토파지를 할 수 없게 된 것이다. 뒤집어 말하면 그 유전자는 오토파지
에 필요하다는 뜻이다. 그리고 효모 유전학 기술을 활용하면 어느 유전
자에 상처가 나는지 확인할 수 있다. 이렇게 해서 세계 최초로 오토파지
유전자가 발견되었다.

이 발견이 단초가 되어 오토파지 연구가 조금씩 진전했고 그 뒤 효모에
서 발견한 오토파지의 원리가 포유류에서도 거의 공통됨을 알았다. 뒤에
다시 거론하지만 여기서부터 세계에서 연구가 폭발적으로 진전되었다.

오스미 교수가 노벨상을 받았을 당시, 그의 성과를 포유류로 발전시킨

나와 도쿄대학의 미즈시마 교수의 공동수상 이야기도 나왔다. 결과적으로는 오스미 교수가 단독수상했다. 이에 관해 아쉽지 않냐는 기자의 질문을 받았지만 전혀 그렇지 않았다. 나와 미즈시마 교수, 그리고 다른 연구자들은 모두 그의 뒤를 따라간 것뿐이다. 지금껏 보아왔듯이 오스미 교수는 이 연구 분야를 개척한 '발견자'다.

그가 없었다면 효모의 쓰레기장이라고 생각했던 액포가 중요한 단백질의 재생 공장인 줄 아무도 모르는 채로 효모의 오토파지 유전자도 발견하지 못했을 것이다. 그리고 이 분야는 지금껏 밝혀지지 않았을지도 모른다. 그만큼 위대한 발견이었다.

표식 발견은 연구를
발전시키는 중요한 요소

효모의 오토파지 원리가 포유류에도 적용된다는 것을 알게 되자 연구가
급속도로 발전했다고 했다. 인간도 포유류이므로 자신들의 세포라면 더
욱 관심이 생기기 마련이다.

게다가 오토파지가 병을 막고 세포의 항상성을 유지한다고 밝혀지자
'도움이 될 것 같은 이 연구'에 더 많은 사람이 뛰어들었다.

포유류의 오토파지 연구가 발전하는 최초의 큰 계기가 된 것이 LC3이
라는 단백질을 발견한 것이다.

LC3은 효모의 오토파지 단백질과 비슷한 단백질이다. 생물은 처음에 같
은 선조에서 출발해 가지를 뻗어가면서 진화해왔다. 진화의 부기를 계
통수라고 한다. 효모는 포유류보다 훨씬 계통수의 근원에 가까운 곳에
있는 오래된 생물이다.

유전자도 효모에서 인간에 이르기까지 상당히 변화했다. 사라진 유전자
도 있다. 그러나 만약 살아가는 데 무척 중요한 유전자라면 다소 변화가
있어도 남아 있을 것이다.

실제로 효모의 자가포식소체를 만들 때 필수인 14개 정도의 유전자와 비슷한 유전자가 포유류에도 발견되었다. LC3도 그중 하나이며 가장 처음 발견한 단백질이다. 그리고 LC3이 자가포식소체에 달라붙는 단백질임이 밝혀지자 연구에 속도가 붙었다.

LC3은 훗날 격리막이 닫히고 자가포식소체가 되는 곳에서 움직인다는 것이 밝혀지는데, 그보다 이 시점에서 가장 중요한 것은 '자가포식소체와 결합하는 단백질이 있다는 것을 표식으로 삼을 수 있다'는 점이다. 자가포식소체뿐 아니라 세포소기관은 무척 작기 때문에 '여기에 자가포식소체가 있다'는 표식이 있으면 관찰이나 추적을 하기 매우 편하다. 그로써 전 세계에서 LC3가 이용되기 시작했고 연구 분야 전체가 크게 발전했다.

앞에서 논문은 인용횟수가 많을수록 실적으로 평가받는다고 했는데, 2000년에 발표한 LC3에 관한 우리 논문의 피인용수(그 논문이 다른 논문에서 언급된 횟수)는 5,000건을 넘었다. 이것은 오토파지 분야에서는 세계 1위다. 자랑하는 듯해서 쑥스럽지만 중요한 발견인 것은 틀림없다. 내가 오스미 연구실에 참여해서 이룬 첫 번째 중요한 성과였다.

오스미 교수는 효모의 오토파지 유전자를 발견한 지 몇 년 뒤인 1996년에 도쿄대학의 조교수에서 아이치현 오카자키시에 있는 국립 기초생물학연구소의 교수가 되었다.

그리고 연구실을 발족할 때 당시 간사이의학대학에서 조수로 일하던 나를 조교수로 발탁했다. 그것은 내가 포유류 세포 전문가였기 때문이다.

그는 앞으로 오토파지 연구가 포유류에서 중요해질 것이라고 예견했다. 그래서 나는 오스미 연구실에서 포유류 팀을 만들었다. 1년 뒤 의사인 미즈시마 노보루 군이 박사후연구과정으로 합류했다. 그는 처음에는 효모에 관한 연구를 했는데 그 뒤 내 팀에 들어와 포유류 오토파지 연구 발전에 공헌했다.

자가포식소체는 전자현미경으로는 보이지만 일반 현미경으로는 볼 수 없다. 인간의 육안으로 보이는 한계는 약 0.1밀리미터라고 한다. 광학현미경은 약 0.0002밀리미터, 전자현미경으로는 약 0.0000002밀리미터까지 볼 수 있다.

그런데 전자현미경으로 보려면 그 대상을 플라스틱 같은 합성수지를 사용하거나 얼려서 고정시켜야 한다. 그런데 세포를 고정하면 그 세포는 죽어버린다. 오토파지는 막이 형태를 바꾸는 것이므로 세포가 죽어버리면 그 움직임을 관찰할 수 없다.

오토파지가 막의 형태를 바꾼다는 것은 처음에는 단순한 상상이었다. 실제로 움직임을 관찰하여 그 모습을 보려면 오토파지의 표식이 되는 LC3가 꼭 필요하다.

단백질을 빛나게 하는 기술이 있다. 이 기술로 LC3를 빛나게 함으로써 형광현미경(형광을 관찰할 수 있는 광학현미경)으로 관찰할 수 있다. 형광현미경에서는 살아 있는 세포를 볼 수 있다. 세계 최초로 오토파지의 '움직임'을 촬영하는 데 성공했는데, 격리막은 처음부터 편평한 모양이 아니라 알갱이 상태에서 막으로 늘어나 편평한 접시 모양 밥그릇 모양 항아리 모양으로 변화하는 것도 알게 되었다.

전자현미경이 손과 시간, 기술이 필요한 데 비해 형광현미경은 좀 더 편하다. 이것으로 관찰뿐 아니라 자가포식소체의 수도 측정할 수 있게 되었으므로 연구자에게 형광현미경은 말할 수 없이 고마운 존재다.

아무리 과학이 발전해도 관찰하는 것이 얼마나 중요한지 알 수 있다. 또 그러려면 표식이 얼마나 중요한지도 알 수 있다.

자가포식소체에서 블랙홀에 이르기까지 인간은 직접 보지 않으면 직성이 풀리지 않는 생물임을 실감한다.

참고로 LC3은 생화학적 실험의 표식도 되므로 현미경을 통한 관찰 외에도 여러 가지 연구에 도움이 되고 있다.

유해물을
제거한다

오토파지의 세 번째 역할인 '세포 내의 유해물을 제거한다'도 건강하게 살려면 중요한 일이다.

두 번째 역할에서 오토파지에는 고장 나지 않아도 항상 부품을 교체하는 기능이 있다고 했다. 또 세포에 유해한 물질이 나타나면 그것을 적극적으로 격리하여 부순다.

유해물의 종류는 다양하다. 먼저 알기 쉬운 것으로 병원체가 있다. 병을 일으키므로 당연히 우리 몸에 유해한 존재다. 면역에 관해 설명할 때도 말했듯이 세포 안에 침입한 병원체를 오토파지가 제거한다.

이 역할은 첫 번째, 두 번째와는 크게 다르다. 기아 시의 영양 공급도, 신진대사도, 감싸서 부수는 것은 자기 자신의 성분이다. 그래서 오토파지를 자가포식(스스로 먹는다)이라고 하는 것이다. 그러나 병원체는 자신이 아니다. 밖에서 온 적이다. 그것을 부수는 것은 영양 공급을 위해서가 아니라 세포를 지키기 위해서다.

오토파지의 기능이 알려지기 전에는 세포 안에 들어간 병원체를 죽이는 것은 생물이 할 수 있는 일이 아니라고만 생각했다. 몸속의 혈액 등에 들어간 병원체는 면역세포가 해치우지만, 그것을 피하기 위해 세포 안으로 도망친 병원체도 등장한다. 그러면 면역세포는 그것들을 찾지 못한다고 생각한 것이다.

그러므로 오토파지가 세포 안에서 면역 작용을 담당한다고 알게 된 것은 감염병학과 면역학의 역사에서도 크나큰 첫걸음이었다. 게다가 오토파지의 능력은 면역세포가 아닌 일반적인 세포에도 있으므로 무척 광범위한 면역이 가능하다. 자연면역의 일종으로 볼 수 있다.

스위스에는 일반 시민도 결정적인 순간에는 총을 겨눌 수 있다고 한다. 오토파지도 그와 같은 맥락에서 생각하면 이해하기 쉽지 않을까? 이것은 그때까지의 오토파지의 개념과 감염병학 및 면역학의 상식을 뒤집는 아주 중요한 발견이었다.

오토파지를 방해하는 바이러스

그 뒤 세계 여러 나라의 미생물학자가 실험을 시작했고 오토파지는 우리가 사용한 용혈성 연쇄상구균(Streptococcus Hemolytics, 이하 용연균) 외에도 다양한 세균을 공격한다는 것을 발견했다. 세포뿐 아니라 세포에 침입해 병을 일으키는 바이러스나 원생동물 등도 오토파지의 표적이 된다. 즉, 병원체는 오토파지의 대상인 것이다. 그러나 오토파지로 죽이지 못하는 병원체도 있다.

구체적으로 바이러스의 예를 들어보자. 예를 들어 헤르페스 바이러스는 자가포식에 의해 증식을 억제할 수 있다. 물론 바이러스가 지나치게 증식하면 오토파지가 미처 충분히 통제하지 못할 수도 있다.

한편 HIV와 웨스트나일 바이러스(일본뇌염 바이러스와 비슷한 바이러스로 모기를 매개체로 하며 우간다의 웨스트나일 지역에서 처음 발견되어 이런 이름이 붙었다)는 오토파지로 이기지 못한다. 안타깝지만 SARS 바이러스도 오토파지로는 증식을 멈추게 하지 못한다. 신형 코로나 바이러스(SARS-CoV-2)는 SARS 바이러스의 친척이므로 이것도 안 될 가능성이 크다.

이 병원체들은 어떻게 오토파지로부터 자신을 지킬까?

SARS 바이러스는 자가포식소체가 형성되는 것을 방해한다. 자가포식소체의 형성에 필요한 단백질은 여러 가지가 있는데, 이유는 모르지만 그중 하나에 달라붙어서 자가포식소체를 만들지 못하게 하는 단백질을 코드(지시)하는 유전자를 바이러스가 갖고 있는 것이다.

신형 코로나 바이러스도 이렇게 달라붙는 단백질과 비슷한 단백질을 갖고 있다. 그것이 자가포식소체가 생성되는 것을 방해하는지는 알 수 없지만 그 단백질이 변이하면 독성이 약해진다는 보고서가 나온 바 있다. 그렇다면 독성이 약화되어, 다시 말해 자가포식소체의 생성을 방해할 수 없게 되면 오토파지가 활동해 바이러스의 증식을 억제할 수 있지 않을까?

실은 지금 내 연구실에서 그 점을 조사하고 있다. 만약 그렇다면 이 달라붙는 단백질 위에 달라붙어서 자가포식을 막는 것을 방해하는 약을 만들면, 신형 코로나 바이러스의 증식을 자가포식으로 억제할 수 있을지도 모른다.

또 병원체 중에는 모습을 감추고 자가포식으로부터 숨어 있는 것도 있다.

이질균은 어떤 단백질로 몸을 감싸고 오토파지의 레이더망에 걸리지 않도록 한다. 마치 스텔스 전투기를 연상하게 한다. 바이러스 중에는 오토파지를 이용하는 가장 나쁜 놈도 있다. 이 것이 폴리오 바이러스(Polio Virus, 소아마비의 병원체―옮긴이)다.

폴리오 바이러스는 신경을 침입함으로써 손발을 마비시키는 병이다. 마비가 평생 남을 수도 있다. 이 바이러스는 일부러 자가포식소체가 자신을 감싸는 것을 내버려두고 그 자가포식소체를 리소좀이 아닌 세포막과 융합시킨다. 속이는 것이다. 그렇게 해서 세포 밖으로 탈출해 감염을 확산시킨다.

우리의 면역 기능이 진화하면

병원체도 진화한다

이렇게 병원체는 살아남기 위해 온 힘을 다해 진화한다. 그리고 우리의 면역 기능도 그에 대항해 진화를 거듭한다.

오토파지에 의해 병원체를 죽이는 기능도 원래는 없었을 것이라고 여긴다. 그것은 원시적인 생물을 떠올리면 명확해진다.

효모에는 오토파지는 있지만 그것이 병원체를 퇴치하진 않는 듯하다. 원래 효모 자신의 크기가 작으므로 세균이 들어가지 못하고 특수한 바이러스밖에 감염되지 않기 때문이다.

동물은 진화하는 사이에 본래 영양을 만들거나 신진대사에 작용하던 오토파지를 면역에 돌려쓰게 되었다. 이것은 대단히 현명한 일이다.

시스템을 하나부터 만들지 않고 원래 있는 시스템을 다른 용도로 전환하여 사용하기 시작한 것이므로 에너지 절감에 효율적이다. 이처럼 생명은 언제나 합리적이다.

한편 폴리오 바이러스는 진화의 결과 오토파지를 이용해 늘어난다는 악마적인 전략에 성공했다. 맞는 만큼 갚아주는 것이 아니라 두 배로 갚는 것이다.

세포에는 이런 싸움이 매일 벌어진다. 세포가 진화하면 병원체도 진화한다. 두 배가 아닌 천 배로 갚아줄지도 모른다. 앞으로도 병원체와의 싸움은 계속될 것이다.

그러나 앞서 말한 병원체에 의한 오토파지 방해 작용을 방해하는 연구와 같이, 우리도 과학을 이용해 그 전투에 참여하고 있다. 이것이 새로운 인류가 진화하는 형태일지도 모른다.

왜 오토파지는
적을 인식할 수 있는가

그러면 오토파지는 왜 그곳에 병원체가 있다고 인식할 수 있을까? 주위에 있는 물질을 무조건 감쌌는데 어쩌다 보니 병원체가 있는 것일까?

우리는 용연균이 오토파지를 제거한다는 것을 알고 나서 살모넬라균으로도 시험해봤다.

살모넬라균(Salmonella, 사람이나 동물의 장내에 기생하는 세균 — 옮긴이)은 식중독을 일으키는 세균이다. 이 균은 음식물을 통해 장세포에 침입하여 구토와 설사 등을 일으킨다. 용연균이 목 세포에 들어가는 것과 같다. 여담이지만 살모넬라균은 신선한 음식에도 있을 수 있다. 예를 들어 닭에 살모넬라균이 있으면 그 달걀이 아무리 방금 낳은 것이라고 해도 날로 먹으면 배가 아플 수 있다. 그러니 날달걀을 먹을 때는 조심하도록 하자.

그러면 살모넬라균을 이용한 실험을 살펴보자. 이 실험에서 촬영된 영상에서는 세포에 들어간 균에 딱 달라붙도록 격리막이 뻗어서 자가포식소체가 형성되었다. 이런 영상이 촬영된 것도

LC3이 발견되어 살아 있는 세포로 관찰할 수 있게 된 덕분이다.

이 영상을 보면 오토파지가 균을 노리기 위해 형성되는 것이 명백했다. 어쩌다 그렇게 된 게 아니다. 몇 번 촬영해도 마찬가지였다.

그때까지 무작위로 주변에 있는 것을 감싼다고만 인식했던 자가포식이지만 살모넬라균에서는 달랐다는 말이다. 즉, 오토파지에는 무작위한 유형과 목표물을 조준하는 두 종류가 있다.

참고로 여기서는 살모넬라균이라고 했는데 전문가는 이렇게 말하지 않는다. '살모넬라'라고만 부르며 정확히는 살모넬라속의 세균이다. 즉, 종류가 많다는 말이다. 장티푸스를 일으키는 통칭 티푸스균도 살모넬라속이다. 하지만 세상은 살모넬라균이라고 하는 것이 일반적이므로 그대로 두었다.

그렇다면 여기서 첫 질문으로 돌아가자. 왜 조준사격을 할 수 있을까? 여기서 세포 안팎의 원칙을 다시 생각하자. 병원체가 세포와 결합할 때나 항체가 병원체와 결합할 때는 규칙이 있었다. 열쇠와 열쇠 구멍이다.

오토파지가 세균을 조준하여 퇴치한다고 하면 연구자들은 모두 '균의 표면에 무언가에 달라붙는 성분을 자가포식소체가 갖고 있는 게 아닐까'라는 가설을 생각할 것이다. 나도 그랬다.

하지만 찾지 못했다. 균이라고 해도 천차만별이며 표면 성분도 상당히 다르다. 예를 들어 균은 세포벽이라는 것을 만들어서 자신을 지키는 것도 있고 세포벽이 없는 것도 있다. 그런데 오토파지는 세포벽이 있건 없건 상관없이 조준사격할 수 있다. 자가포식소체가 표면의 모양과 상관없이 전부 들어가는 만능열쇠를 갖고 있을 리가 없다.

난감한 일이었다. 균에 열쇠 구멍이 있을 것 같진 않았다. 그래서 다른 이유를 생각했다. 그게 뭘까?

병원체는 막에 싸인 채로
세포에 들어간다

오토파지가 적을 인식하는 방법을 알아보기 전에 병원체가
열쇠와 열쇠 구멍이 맞으면 그다음에 어떻게 세포에 침입하는
지 살펴보자.

병원체가 세포 속에 침입할 때는 세포 바깥쪽의 막을 찢고 들
어오는 경우는 거의 없다. 먼저 열쇠와 열쇠 구멍의 관계를 이
용해 세포의 바깥쪽 막에 달라붙는다. 그 뒤 침입하는 곳의 세
포막째로 밀어넣듯이 들어가 그대로 막에 싸인 상태에서 흡수
된다. 이것을 전문용어로 엔도시토시스(Endocytosis)라고 한다.
병원체는 같은 경로로 들어간다. 보통 영양 등이 주입된 물질은
최종적으로는 리소좀에 간다. 소화효소를 가진 분해 공장이다.
여기서 분해되어 이용된다.

리소좀은 자가포식소체가 마지막으로 융합하는 세포소기관
이기도 하다. 즉, 리소좀은 밖에서 감싼 것과 안에서 회수한 것
이 전부 운반되는 종착역이다. 병원체는 이 경로를 타고 가므로
별로 영리하지 않은 병원체는 침입한 상태 그대로 리소좀으로

운반된다.

예를 들어 여름에 '대장균 때문에 식중독이 일어났다'는 뉴스를 들은 적이 있을 것이다. 대장균이라고 해도 종류가 많아서 병원대장균이라는 질병을 일으키는 것은 소수이며 대다수는 병을 일으키지 않는다. 그런 병을 일으키지 않는 대장균은 세포에 들어가도 리소좀으로 운반되어 얌전히 분해된다.

문제는 날뛰는 세균이다. 날뛰는 세포는 그대로 리소좀으로 운반되기 전에 막 봉지에 구멍을 내고 탈출한다. 용연균 등이 그렇다.

살모넬라균의 경우는 더욱 교활하다. 주사기 같은 것을 구비하고 있어서 침입하는 곳의 막 봉지에 주사기를 찔러 자신의 단백질을 여러 가지 세포에 주입한다. 이 단백질은 상대의 세포를 통제하여 살모넬라균이 리소좀으로 가지 않도록 한다.

그러나 아무튼 이렇게 나쁜 짓을 하는 세균은 탈출하건 주사기를 찌르건 '막에 구멍을 낸다'는 점을 기억해두자. 그리고 오토파지가 표적으로 삼는 것은 나쁜 짓을 하는 세균이다.

세포소기관의 막에 구멍이 나면

오토파지가 일어난다

이런 세균의 특징을 잘 이해하고 나니 나에게 번뜩이는 아이디어가 떠올랐다. 여러분도 이미 알고 있을지도 모른다. 힌트는 오토파지가 표적으로 삼는 세균은 '침입할 때 상태 세포의 막 봉지에 구멍을 낸다는 공통점이 있다'는 것이다. 즉, '막 봉지에 구멍이 났다'는 것을 표식으로 삼아 자가포식이 활동하는 게 아닐까?

세균을 직접 인식하지 않아도 된다는 발상의 전환이다.

맨 처음에 이 가설을 생각한 뒤에는 과학자의 중요한 업무 중 하나인 검증을 해야 한다. 검증은 여러 각도에서 여러 가지 실험을 하는 것이다. 다른 접근법으로 같은 결론을 얻을 수 있으면 가설의 확실성이 늘어나기 때문이다.

여기서는 그중에서도 결정적인 실험을 소개하겠다. 그 실험에서는 세균이 아닌 비즈를 사용했다. 여러분이 알고 있는 액세서리 등에 사용하는 폴리스티렌 비즈다.

이것은 크기가 대단히 작다. 직경 3마이크로미터이므로

1,000분의 3밀리미터다. 물론 눈에 보이지 않는다. 이 극소 비즈를 세균이라고 가정한 것이다.

이 비즈에 막에 구멍을 내는 시약을 뿌리고 실험했다. 흥미롭게도 세균은 비즈에도 달라붙었다.

참고로 지금까지 막 봉지라고 썼는데 세균이 들어가거나 영양이 들어가는 막 봉지를 엔도솜(Endosome)이라고 한다. 이것도 세포소기관의 일종이다.

자, 비즈가 세포에 들어갈 때 막 봉지인 엔도솜이 형성되었고, 비즈에 묻은 시약이 뿌려지면서 엔도솜에 구멍이 뚫렸다. 그 뒤 훌륭하게도 폴리스티렌 비즈가 엔도솜째로 세포소화포에 감싸였다.

봉지의 내용물은 폴리스티렌 비즈이므로 세균과는 아무 공통성도 없다. 시약도 인공적으로 만든 것으로 자연계에는 존재하지 않는다. 그러므로 세균과의 공통성은 없다.

즉, 오토파지는 '엔도솜 막의 구멍' 자체를 표식으로 하여 조준사격할 가능성이 대단히 크다는 말이다. 그 밖에도 여러 실험으로 엔도솜에 구멍이 나면 오토파지가 일어나는 것이 거의 틀림없다는 사실을 밝혀냈다.

세포는 이 단계에서 세균을 알아차리지 못한 것일 수도 있다 (또한 자가포식은 엔도솜에서 나온 세균을 직접 인식하는 것일 수도 있다). 엔도솜에 구멍이 뚫려서 쓸모가 없어졌으므로 제거하려고 했는

데 그 안에 세균이 있었으므로 일석이조였을지도 모른다. 아무
튼 세균 자체를 인식하고 있다는 고정관념을 버리자 문제를 해
결할 수 있었다.

유해물을 회수하는 덕분에
여러 질병을 막을 수 있다

나는 엔도솜 이외의 세포소기관도 구멍이 나면 오토파지로 처리되는 게 아닐까 생각했다. 사실 구멍이 나서 망가진 미토콘드리아가 오토파지의 표적이 되는 것을 다른 연구자가 발견하기도 했다.

세포 내에서는 여러 물질이 고장 난다. 그중에서 특히 미토콘드리아나 리소좀이 고장 나면 위험하다. 세포가 보기에는 부서진 세포소기관도 유해물이다.

미토콘드리아는 세포 활동에 필요한 에너지를 만드는 발전소 같은 존재라고 했다.

예를 들면 심장 세포에 고장 난 미토콘드리아가 쌓이면 심부전이 될 수 있다. 심장은 수축을 하기 위해 엄청난 에너지를 사용하는 장기인데 미토콘드리아가 망가지면 에너지를 공급할 수 없다.

또 2장에서도 말했듯이 미토콘드리아에 구멍이 나면 일반적으로는 미토콘드리아의 내부에서 처리되는, 에너지를 만들 때의 부산물인 활성산소가 유출된다. 그러면 세포를 손상시키거나 유전자 변이를 일으켜 암 등을 유발하기도 한다.

또 소화효소를 내부에 많이 가진 리소좀도 구멍이 뚫리면 좋지 않다. 위에 구멍이 나면 소화효소가 체내에 들어와 죽을 수도 있는 것처럼, 리소좀에 구멍이 나면 세포 전체가 죽거나 약화된다.

예를 들어 실리카(Silica, Silicon Dioxide)나 요산의 결정이나 아리모이드라는 결정화된 단백질은 리소좀으로 운반되어도 분해되지 않고 막에 구멍을 내고 만다. 그러면 병이 된다.

세포에 비즈를 주입하게 하는 실험을 머릿속에 떠올려보자. 세포는 뭐든지 삼켜버린다. 요산결정이면 신장 세포가 죽거나 약해져서 고요산혈증이라는 병이 된다. 건강진단을 받았을 때 "요산 수치가 높군요. 맥주는 삼가세요."라고 의사에게 들은 사람은 혈중의 요산이 더 증가하면 결정이 생겨서 신증이나 통풍으로 발전하므로 주의해야 한다.

그러나 리소좀에 구멍이 나도 오토파지가 제거해준다. 반대로 유전자 조작으로 신장에서 오토파지를 할 수 없게 된 쥐는 고요산혈증이 되자 보통 쥐보다 신증 상태가 악화되었다. 즉, 오토파지에 의한 부서진 리소좀의 제거는 병을 막을 때 매우 중요하다는 말이다.

그리고 최근 주목받는 것이 단백질 덩어리의 제거다. 이것은 무척 중요한 발견이다. 치료법이 좀처럼 발견되지 않는 병과 깊은 관계가 있기 때문이다. 단백질 덩어리에 의해 일어나는 유명한 병이 바로 신경변성질환이다.

알츠하이머나 파킨슨병 등의 신경변성질환은 뇌세포 속에 단백질 덩어리가 생기고 그 덩어리 때문에 세포가 죽음으로써 일어난다. 오토파지는 이 단백질 덩어리를 조준하여 제거한다.

병원체, 고장 난 세포소기관에 이어 오토파지가 표적으로 삼는 제3의 유해물이 단백질 덩어리다. 지금 오토파지는 뇌 질환을 치료하는 비장의 카드가 될지도 모른다는 기대를 한 몸에 받고 있다.

신경세포는

평생 가는 것

앞에서도 말했지만 세포도 죽는다. 위나 장 표면 세포의 수명은 하루, 혈액 속의 적혈구는 3~4개월이다. 뼈는 약 10년으로 세포의 수명은 제각각이다.

신경세포와 심근세포는 그 사람이 죽을 때까지 같은 세포가 활동한다. 즉, 평생 가는 것이다. 세포가 수명을 다하면 새로 태어난 세포가 그 자리를 차지하지만, 신경세포는 어른이 되면 새롭게 태어나지 않는다(가끔 예외도 있다).

그러므로 단백질 덩어리가 쌓여서 세포가 죽어버리면 그대로 끝이다. 알츠하이머가 진행된 사람의 뇌를 CT 스캔해서 보면 틈새가 한둘이 아니다. 신경세포가 죽어서 탈락한 것이다. 그 때문에 기억을 잃고 치매 증상이 나온다.

세포가 하나둘 원활하게 교체되면 설령 오토파지에 문제가 생겨서 세포 내의 청소가 잘 되지 않아도 별문제가 되지 않는다. 그러나 신경세포는 그렇게 할 수 없으므로 청소 담당인 오토파지가 열심히 일해줘야 한다. 신경세포의 오토파지는 무척 중요하다.

집 안이 쓰레기투성이가 되어도 새로 이사 가면 그 상태에서 벗어날 수 있지만 같은 집에 계속 살아야 한다면 언젠가는 청소를 해야 쓰레기에 파묻혀 죽지 않는다. 인간이라면 쓰레기에 묻혔다고 죽지는 않지만, 신경세포는 단백질 덩어리가 쌓이면 생사가 달린 문제로 발전한다.

신경세포에서의 오토파지의 중요성을 직접적으로 나타내는 실험은 얼마든지 있다. 예를 들어 유전자를 조작해 신경세포에서만 오토파지를 하지 않게 만든 쥐는 어릴 때에 알츠하이머와 유사한 증상이 나왔다. 신경세포를 조사하자 역시나 단백질 덩어리가 많이 쌓여 있었다.

앞에서 나는 유전자 변이 때문에 쉽게 굳는 단백질이 생기는 헌팅턴병 이야기를 했었다. 이 실험에서 사용한 쥐는 그런 병의 유전자를 보유하지 않은 건강한 쥐다. 즉, 단백질에 문제가 없어도 오토파지가 없으면 덩어리가 생긴다는 말이다. 신경세포에서 청소는 무척 중요하다.

그러므로 지금 세계의 제약사가 오토파지의 기능을 향상하는 약을 개발하는 데 주목하고 있다. 이렇다 할 치료법이 없었던 알츠하이머와 파킨슨병을 치유할 가능성이 있기 때문이다.

오토파지는 나이를 먹으면
활동하지 않게 된다

그런데 참 이상한 일이다. 오토파지가 단백질 덩어리를 제거한다면 알츠하이머나 파킨슨병에 걸리지 말아야 하는 것 아닌가? 그런데 왜 이렇게 그 병에 걸린 사람들이 많을까?

일본 후생노동성 추계에 따르면 2025년에는 치매 환자가 약 700만 명에 이를 것으로 본다. 일본의 고령자 5명 중 1명에 상당하는 수치다. 세포에 오토파지 기능이 있는데도 왜 이런 일이 일어나는 것일까?

그 힌트가 되는 것이 오토파지의 '능력 저하'다. 오토파지는 매년 조금씩 일어난다. 또 기아 상태가 되거나 세포 내에 유해물이 나타나면 많은 자가포식소체가 생겨서 활발하게 분해 활동을 한다. 전문가는 이것을 오토파지 활성화라고 부른다. 그런데 나이를 먹으면 이유는 잘 모르지만 자가포식소체가 잘 생기지 않는다. 능력 저하다.

그래서 유전자 조작한 쥐처럼 청소를 하지 못해 신경변성질환이 되는 것인지도 모른다.

여기서 의문이 생긴다. 왜 나이를 먹으면 오토파지 능력이 떨어질까? 그 이유를 알면 저하 현상을 멈추게 해서 신경변성질환에 걸리지 않게 할 수 있지 않을까? 이것을 밝힐 수 있다면 의학은 또 한 발짝 앞으로 갈 수 있을 것이다.

그리고 2019년, 답을 찾았다. 그 답은 마지막 장에서 설명하겠다.

유전자가 발견되면
폭발적으로 연구가 진행된다

오토파지가 주목받게 된 것은 최근이지만 오토파지에 관한 연구는 의외로 오래전부터 있었다. 1963년에 벨기에인 생화학자 크리스탄 드 듀브(Christian de Duve)는 세포 내에서 일부 성분이 분해되는 것처럼 보이는 현상을 발견해 '자신을 먹는다'는 의미로 오토파지(Autophagy)라고 명명했다.

처음부터 오토파지가 연구 주제는 아니었다. 세포의 분해 공장인 리소좀을 연구하다가 우연히 발견한 것이다.

하지만 그 뒤 오토파지에 관한 논문은 연간 몇 건밖에 발표되지 않는 상태가 계속되었다. 중요성을 인식하지 못했고, 뒤에 설명하겠지만 연구를 진행하기가 어려웠기 때문이다.

그러나 2005년경부터 오토파지에 관한 연구 논문이 늘어나더니 지금은 연간 8,000건 정도의 논문이 발표된다. 논문이 급증한 이유는 쉽게 알수 있다.

오스미 요시노리 교수가 오토파지에 필요한 유전자를 발견해 1993년에 그에 관한 논문을 발표했기 때문이다. 그 뒤 나와 도쿄대학의 미즈시마 노보루 교수가 동물에도 그와 유사한 유전자가 있다는 것을 발견하면서 폭발적으로 논문 수가 증가했다.

왜 유전자 발견이 연구 분야의 발전으로 이어졌을까? 유전자가 발견되면 그 유전자가 코딩하는 단백질을 알아낼 수 있다. 그러면 그 단백질의 활동을 조사해 오토파지가 어떻게 일어나는지 단서를 얻을 수 있고 그 단백질을 표식으로 하여 오토파지를 관찰할 수도 있다.

나아가 유전자를 파괴할 수 있으므로 오토파지를 멈추면 무슨 일이 일어나는지 조사할 수도 있다. 즉, **유전자를 발견했다는 것은 '다양한 연구를 할 수 있다'는 뜻이다.** 오스미 선생이 노벨상을 수상한 것은 오토파지 유전자를 발견했기 때문이다.

오토파지는 효모를 이용해
발견할 수 있었다

오토파지 유전자가 발견되기까지 30여 년간 아무도 이를 연구하지 않았던 것은 아니다. 수많은 연구자가 그 뜻을 이루지 못한 역사가 존재한다. 오토파지는 처음에 실험동물인 쥐에서 발견되었다. 포유류의 유전자를 조작하기 쉽지 않았던 시절에는 단백질을 채취해 조사하는 생화학적 기법이 주류를 이루었다. 연구자들은 오토파지를 실행하는 데 필요한 단백질 자체를 찾고 있었던 것이다. 그러나 세포 속의 단백질은 2만 종류에 달했다. 전부를 조사하는 것은 불가능하다. 더구나 어떤 단백질인지 모르는 상태다.

그래서 자가포식소체를 채취하려고 했다. 주위에 있는 것을 무작위로 감싼 상태다. 그러면 오토파지의 원리와 역할, 예를 들어 자가포식소체가 어떻게 해서 생성되는지 알 수 있을 것이라고 생각했다. 적어도 자가포식소체에만 있는 단백질이 발견되면 자가포식소체의 표식을 알 수 있어 연구에 속도가 붙을 것이었다.

자가포식소체는 세포소기관이다. 당시 세포소기관 가운데 가장 연구가 진전된 것이 미토콘드리아였다. 미토콘드리아는 채취하기가 간단한 편이어서 미토콘드리아를 채취한 뒤 결합되어 있는 단백질을 모조리 조사했기 때문이다.

그로 인해 미토콘드리아에서 에너지가 생성되는 것과 그 과정을 상세하게 밝힐 수 있었다. 그러므로 같은 세포소기관인 자가포식소체도 동일한 방식으로 연구하려고 했다.

그러나 자가포식소체는 일시적으로 나타났다가 사라지는 세포소기관이다. 항상 있는 게 아니다. 그래도 포기하지 않고 열심히 채취했지만, 이번에는 자가포식소체 특유의 단백질을 쉽게 발견하지 못했다.

여러분은 이제 알았을 것이다. 자가포식소체는 청소기처럼 주위에 있는 것들을 빨아들여 다양한 단백질과 세포소기관 등도 무작위하게 먹어 치우므로, 대체 무엇이 자가포식소체에만 있는 단백질인지 알 수가 없었다. 자가포식소체의 단백질을 찾은 줄 알았는데 결국 자가포식소체가 먹어치운 미토콘드리아의 단백질인 경우가 한두 번이 아니었다.

오스미 선생이 대단한 것은 발상을 전환하여 이 실험에 효모를 이용한 것이다.

오스미 선생은 효모 분야의 전문가이기도 했으므로 포유류가 아닌 효모에도 오토파지가 있는지를 확인했다. 당시에는 효모의 유전학이 포유류에 비해 훨씬 발달했다. 효모의 오토파지를 발견할 수 있으면 오토파지 유전자도 발견할 가능성이 컸기 때문이다.

효모는 단세포 생물이므로 그 구조가 단순하다. 그러나 세포의 내용물은 동물과 거의 다르지 않으며 세포소기관도 있다. 인간과 같은 진핵생물이기 때문이다.

효모의 구조는 동식물의 세포와 거의 같지만 단순한 생물이므로 연구하기 쉽다. 유전자도 조작하기 쉽고 세대교체도 빠르므로 연구 결과를 단시간에 확인할 수도 있었다. 효모유전학 기법을 이용해 유전자를 발견하여 돌파구를 찾아낸 것이다.

오토파지를 멈추게 하는

단백질, 루비콘

오토파지는 막이 형태를 바꾸는 것이고, 그 작용과 관련된 단백질은 당연히 많이 있다.

오스미 선생이 오토파지에 관한 단백질 유전자 14개를 처음으로 발견한 뒤 세계 여러 나라의 연구자가 연구를 계속해 지금은 30종류 이상 찾아냈다. 각각 역할이 다르다. 그러나 탐색은 아직 계속되고 있으며 앞으로 더 늘어날 것이다.

그 가운데 드문 활동을 하는 단백질이 있다. 그것은 루비콘(Rubicon)이라고 한다.

기존에 발견했던 단백질은 주로 오토파지가 기능하는 데 필요한 단백질이었다. 그런데 루비콘은 정반대다. 오토파지가 과도하게 일어나지 않도록 한다. 이른바 오토파지의 브레이크 역할이다.

루비콘 외에도 브레이크 작용을 하는 단백질은 발견되긴 했지만 종류가 적은 편이다. 루비콘은 내 연구실에서 2009년에 발

견했다. 흥미롭게도 효모에는 루비콘이 없다. 그러므로 효모에
서 동물로 진화하는 사이에 새롭게 생긴 단백질이라는 것을 알
수 있다.

기름진 음식을 먹으면
루비콘이 증가한다

루비콘은 실은 인간의 미래의 열쇠를 쥐고 있을지도 모르는 단백질이다. 여러분은 지방간이라는 말을 들어봤을 것이다. 간에 지방이 과도하게 쌓인 상태를 가리킨다. 지방간은 처음에는 심각한 증상이 나타나지 않지만 악화하면 간경변이나 간암에 걸릴 수 있다.

지방간이 생긴 사람의 상당수는 과음을 하거나 기름진 음식을 많이 먹는다. 전자를 알코올성 지방간, 후자를 비알코올성 지방간이라고 한다. 세계의 진미로 알려진 푸아그라는 강제로 먹이를 먹여서 비대하게 키운 타조나 거위의 간 요리다. 지방간이 바로 그 상태다. 인간의 경우 자신이 좋아서 음식을 많이 먹은 결과 간이 푸아그라가 된 것이나 마찬가지다. 지금은 선진국 성인 중 30퍼센트가 비알코올성 지방간이라고 한다.

지방간은 튀김 등 고지방식을 많이 먹는 것이 원인인 것은 알지만 왜 고지방식을 먹으면 지방간이 되는지 그 원리는 잘 알려지지 않았다. 튀김을 먹는데 지방이 쌓이는 건 당연한 일이라고 생각할 수도 있지만, 그때 세포에서 실제로 대체 어떤 일이 일어나는지 조사하는 것이 과학이다. 병이 일어나는 메커니즘을 알 수 있다면 치료법도 발견할 수 있기 때문이다.

결론부터 말하자면 고지방식에 의해 간에서 루비콘이 늘어났다. 그 이유는 아직 밝혀지지 않았지만 늘어나는 것은 확실하다. 처음에 오토파지 능력이 떨어지는 것을 알게 되었고 그 원인을 조사했더니 루비콘이 지나치게 늘어났기 때문이었다.

먼저 쥐에게 4개월간 고지방식을 계속 공급했다. 매일 프라이드치킨을 먹이는 상황이다. 당연히 지방간이 된다. 현미경으로 들여다보니 쥐의 간세포에는 지방방울(Lipid Droplet, 지방구라고도 한다—옮긴이)이라고 불리는 둥글고 큰 지방 덩어리가 많이 생겨 있었다. 그리고 오토파지의 활동이 저하되어 루비콘 증가도 동시에 확인되었다.

이 실험에서 '고지방식을 먹으면 간의 루비콘이 늘어나 오토파지가 활동하지 않게 되면서 지방간이 된다'는 사실을 일단 알 수 있었다. 그러나 이것만으로는 루비콘, 오토파지, 지방간 간의 관계가 상관관계인지 인과관계인지는 알 수 없다. 앞에서 이야기한 '스위치' 문제를 생각해보자.

인간은 종종 상관관계를 인과관계로 오해한다. 돌팔이 과학이나 의학자는 그런 허점을 노려서 상관과 인과를 일부러 혼동하게 한다. 중요한 것은 보이는 현상이 아니라 그 뒤에 있는 원리다. 일본 속담에 '바람이 불면 통장수가 돈을 번다'는 말이 있다(바람이 불면 흙먼지가 날리고, 먼지 때문에 눈병에 걸리고, 눈병 때문에 맹인이 늘어나고, 맹인은 악기를 사고, 그 악기에 필요한 고양이 가죽 때문에 고양이가 죽고, 고양이가 죽자 쥐가 늘어나고, 쥐는 통을 갉아먹어 통의 수요가 늘어난다는 개념으로 일본에서는 억지스러운 상관관계를 설명하는 속담이다 ─ 옮긴이). 왜 바람이 불면 통장수가 돈을 버는지, 정말로 바람이 불어서 돈을 번 것인지, 만약 그렇다면 그 사이에 어떤 인과관계가 있는지를 생각하는 것이 과학적으로 생각하는 것이다. 바람이 불면 통장수가 돈을 버는 것은 단순한 상관관계이며, 인과관계로 보기 위해서는 다른 원인이 있지 않은지 의심해봐야 한다.

이 경우에도 고지방식을 계속 먹으면 루비콘이 늘어나 오토파지 작용이 약화되어 지방간이 되었다는 실험 결과가 있어도 '루비콘이 늘어난 탓으로 오토파지 능력이 저하되어 지방간이 되었다'고 결론지을 수 없다. 그 실험밖에 하지 않았기 때문이다. 즉, 루비콘도 늘어났지만 우리가 알아차리지 못한 어떤 다른 일이 일어나서 자가포식이 기능하지 않게 된 것인지도 모른다.

인과관계를 조사하려면 한층 치밀한 실험을 하여 확인해야 한다. 그런 식으로 개입해야 한다. 인간의 손으로 조건을 바꾸는 것이 중요하다.

인과관계를 확인하기 위한 실험은
유전자 조작 덕분에 약진했다

다음 실험에서는 쥐의 간에서 루비콘의 유전자만을 파괴해서 간에 루비콘이 없는 쥐를 만들었다. 이 쥐는 고지방식을 먹여도 오토파지 기능이 줄어들지 않았다. 이것으로 첫 번째 인과관계가 명확해졌다. 고지방식을 먹어서 오토파지의 움직임이 나빠진 것은 브레이크 역할을 하는 루비콘이 늘어난 탓이었다.

이 쥐의 간은 전혀 비대하지 않았고 지방방울의 크기와 수도 정상이었다. 무척 명확한 결과였다. 이것으로 두 번째 인과관계도 증명되었다. 지방간도 루비콘이 원인이었던 것이다.

오토파지가 활동하지 않게 된 것과 지방간의 인과관계도 다른 실험으로 확인할 수 있었다. 오토파지가 활동하지 않았던 것이 왜 지방간의 원인이 되는지는 아직 알 수 없다. 다만 오토파지가 지방방울을 분해한다는 보고가 있으므로 그 때문인지도 모른다.

인과관계를 조사하는 실험은 이처럼 유전자 조작을 할 수 있게 됨으로써 비약적으로 발전했다. 유전자 조작을 하지 못했던 시절에는 상관관계도 근거로 삼기도 했지만 그렇게 하면 아무래도 가설이 진실에 가까워지기 힘들다. 그래서 논의가 결론에 도달하지 못하는 경우가 많았다.

이 세상에서 의견이 분분한 문제는 상관관계인 화두가 많다. 신형 코로나 바이러스가 알기 쉬운 예다. '긴급사태 선언을 하지 않으면 어떻게 되는가'라는 것을 확인하려면 같은 도시에서 같은 조건으로 실험해야 할 필요가 있는데 실제로 그렇게 검증하기란 쉽지 않다.

참고로 쥐의 간을 가지고 한 이 실험은 인간의 간으로 할 수는 없는 노릇이므로 인과관계까지 조사할 수 없지만, 상관관계는 밝혀졌다. 수술로 간의 일부를 적출한 환자들에게 동의를 구하고 적출한 간의 지방간이 된 부분과 지방간이 아닌 부분에서 루비콘의 양을 측정했다. 그러자 지방간 부분이 루비콘이 더 많았다. 이것은 인과관계는 아니지만 쥐 실험에서는 인과관계가 밝혀졌으므로 상당히 높은 확률로 인간도 같은 이치를 적용할 수 있다.

이 실험으로 환경 요인에 의해 오토파지 기능이 악화되면 병에 걸릴 수 있다는 사실이 처음으로 알려졌다. '고지방식을 하면 루비콘이 늘어나 지방간이 된다'는 것은 모든 사람이 생활환경에 따라서 오토파지의 기능이 약해져 병에 걸릴 가능성이 있음을 의미한다. "유전자가 정상이니까 나는 괜찮아." 이렇게 자신할 일이 아니라는 말이다.

한편으로 이 실험 결과를 토대로 새로운 지방간의 예방과 치료법을 개발할 수 있지 않을까 기대한다. 그렇다. 루비콘에 달라붙어 그 기능을 방해하는 화합물이 있으면 그것이 약이 될지도 모른다. 지금 내 연구실에서는 열심히 그에 관한 연구를 하고 있다.

오토파지가 관련되어 있다는 병은 많이 있다.

- 신경변성질환
- 암
- 2형 당뇨병
- 동맥경화
- 감염증
- 신증(신장질환)
- 심부전
- 염증성질환
- 근위축증
- 근병증(myopathy)
- 어떤 종류의 빈혈, 어떤 종류의 유전병 등

이들 중에서는 쥐를 이용한 유전자 파괴 실험에서 추측된 것도 많다.

참고로 인간의 유전자에 변이가 일어나 단백질을 만들 수 없게 되거나 정상적으로 기능하지 않거나 그 변이가 생식세포에도 있으면 쥐에서 유전자 파괴 실험을 한 것과 같은 일이 인간에게도 일어난다. 실제로 센다병과 주버트 증후군(Joubert Syndrome, 소뇌의 기형으로 생기는 질병―옮긴이), 파킨슨병의 일부, 크론병(Crohn's Disease, 소화관의 어느 부위에서나 발생하는 만성염증성 질병―옮긴이)의 일부 등 오토파지 기능이 저하되는 유전병이 인간에게서 발견되었다. 그러나 이 유전병은 극히 드물다. 그런 유전자를 이어받지 않으면 문제가 없다.

자, 여기까지 오토파지의 기초 강의를 마치겠다. 모두 수고했다! 이제 마지막 장은 오토파지로 건강하고 오래 살 수 있는 미래가 올 것인지 고찰해볼 것이다. 실현할 수 있을지도 모르는 현 단계에서의 미래를 살펴보자.

명명에 관해

과학의 세계에서는 어떤 발견을 하면 그 사람이 이름을 붙일 권리(명명권)을 가지는 경우가 많다. 단순한 원칙이지만 이게 말처럼 단순하지 않다. 예를 들어 '아드레날린(Adrenaline)'은 일본인 다카미네 조키치(高峰讓吉) 박사가 특허를 내서 아드레날린이라는 이름을 붙였지만, 해외에서 아드레날린은 '에피네프린(Epinephrine)'이라는 이름으로 오랫동안 불렸다. 다카미네 박사의 공적을 인정하지 않는 사람들로 인해 국외에서 아드레날린이라는 이름이 정착하는 데는 꽤 오랜 시간이 걸렸다. 이처럼 이름을 붙이는 것은 그 영향력 때문에 간혹 다툼이 있기도 하다.

나도 단백질의 '작명가'가 된 적이 있다. 그것은 바로 '루비콘'이다. 이것은 그 단백질의 성질을 나타내는 영문(**RU**n domain protein as **B**eclin1-**I**nteracting and cysteine-rich **CON**taining)에서 몇 글자를 딴 조어다. 듣기에도 좋지만 카이사르의 일화를 연상시키기도 한다. 오토파지에 필요한 어느 효소에 루비콘이 결합하면 오토파지를 중단시킨다. 즉, 기능이 역전된다. 이 현상은 '주사위는 던져졌다'는 유명한 대사를 남기고 루비콘 강을 건너 로마를 방어하는 입장에서 공격하는 입장으로 전환한 카이사

르의 모습과 겹쳐진다. 단백질의 이름은 P53 등 알파벳과 숫자를 조합한 이름도 많지만 나는 무미건조한 이름을 붙이긴 싫었으므로 '루비콘'이라는 이름을 붙였다.

그러나 이름이 정식이 결정되기까지 우여곡절이 있었다. 거의 동시에 미국의 연구팀도 같은 단백질을 발견했기 때문이다. 나와 사이가 좋은 연구자였으므로 우리는 동시에 논문을 내기로 했다. 다행히 같은 잡지에 두 논문이 게재되었다. 다만 같은 단백질에 관한 논문인데 이름이 다르다. 내 논문에는 루비콘인데 그의 논문은 P로 시작되는 이름이었다. 각자 따로 연구했으니 당연한 일이지만 논문을 읽은 사람에게는 당황스러운 일이므로 잡지 편집부에게 이름을 통일하라는 요구를 받았다.

내가 '루비콘은 의미 있는 명칭'이라고 주장하자 그는 '그러면 나도 의미가 있는 이름으로 다시 짓겠다'며 '럭비'라는 이름을 댔다. 그 의미를 물었더니 '럭비와 비슷하다'는 둥 단백질과의 연관성이 전혀 없는 이유를 댔다. 이렇게 우리가 한 발짝도 물러서지 않자 곤란해진 편집장이 논문 심사위원에게 이름을 결정할 권리를 주었다. 그 결과 심사위원 네 명 전원이 내 안을 채택해 무사히 루비콘이라는 이름으로 결정되었다.

그러고 보면 그 당시에 루비콘이라는 이름의 캘리포니아산 와인이 있었다. 꽤 상등급 와인이었다. 루비콘을 발견한 실험을 함께 했던 대학원생이 논문이 심사를 통과한 것을 축하하는 의미에서 용돈을 털어 그 와인을 주문해 모두 축배를 들었다. 승리를 기념한 루비콘은 맛이 좋았다.

빛나는 해파리의 단백질이
생명과학을 발전시켰다

앞에서 말했듯이 오토파지 연구는 LC3이라는 단백질을 빛나게 하자 더욱 발전했다. 단백질을 빛나게 할 수 있게 된 것은 2008년에 노벨상을 수상한 시모무라 오사무 교수가 발견한 GFP(녹색형광단백질) 덕분이다.

이것은 평면해파리의 단백질이다. 노벨상을 수상했을 때는 '빛나는 해파리의 단백질 발견'이라고 보도되었다. 연구자 외에는 그게 뭐가 그렇게 대단한지 알 수 없을 것이다. **그러나 이것은 생명과학에 혁명을 일으킨 대발견이었다.** GFP는 생명과학자에게는 지금은 빼놓을 수 없는 도구다.

빛을 발하는 생물은 평면해파리 말고도 존재한다. 예를 들어 반딧불이가 유명하다. 그러나 평면해파리와는 빛이 나는 원리가 다르다.

반딧불이가 빛나는 것은 일종의 화학반응이다. 루시페라아제(Luciferase)라는 효소(단백질)가 '루시페린'이라는 물질에 작용해 루시페린이 산소와 결합하여 빛을 발하는 것이다. 반면 평면해파리는 GFP라는 단백질 자체가 빛을 내고, 그 단백질을 알게 되어 유전자가 발견되었다.

유전자를 조작하는 것은 비교적 간단하다. 유전자에는 끝나는 부분에 유전자를 끝내는 구점에 해당하는 글자가 있어서, 그 부분까지가 하나의 단백질에 관한 설계도가 된다. 그러나 그 구점을 지워서 문장을 연결하는 것도 간단히 할 수 있다. 즉, 두 개의 단백질을 유전자 조작을 통해서 그대로 융합시킬수도 있다는 말이다. 이 기술은 GFP가 발견되기 전부터 있었다. 즉, **어떤 단백질이든 이 GFP라는 빛나는 단백질을 융합하면 녹색형광을 이용해 빛나게 할 수 있다.**

이 기술로 살아 있는 세포 안에서도 특정 단백질을 빛나게 할 수 있게 되었다. 광학현미경은 살아 있는 세포는 관찰할 수 있지만 전자현미경만큼 자세히 볼 수는 없다. 그러나 단백질이 빛나게 되면 관찰할 수 있다. 전자현미경으로는 움직이는 것은 볼 수 없으므로 과거에는 확인하기 어려웠던 살아 있는 세포 내의 현상을 관찰할 수 있게 된 것이다.

2008년에 GFP가 노벨상을 수상하기 전까지는 시모무라 박사가 GFP를 발견했다는 것을 생물학 분야의 연구자도 모르는 사람이 많았다. 수상 소식을 들었을 때는 내 일처럼 기뻤다.

5장

수명을 연장하기 위해
무엇을 하면 좋은가

수명을 늘리는
5가지 방법

오토파지에 관해 이해했으니 이제부터는 오토파지와 인간의 미래에 대해, 특히 노화와 수명이라는 관점에서 이야기하겠다.

노화와 수명은 지금 생명과학 중에서도 연구 발전 속도가 매우 빠르며, 뜨겁게 주목받는 분야다. 많은 연구자가 왜 인간은 늙는지, 왜 수명이 있는지 탐구하고 있다. 불로불사까지는 아니어도 노화를 억제해 수명을 연장할 길을 모색 중이다. 그것이 과연 좋은 것인지는 논의할 필요가 있다고도 앞에서 말했다.

여기서는 그 당위성은 차치하고 어떤 연구가 진행되고 있는지, 여기에 오토파지가 어떻게 관련되는지 살펴보자.

놀랄지도 모르겠다. 일단 어떻게 하면 수명이 연장되는지는 어느 정도는 밝혀졌다. 전문가는 이를 수명 연장 경로라고 부른다. 주된 방법은 다음의 다섯 가지다.

① 칼로리 제한

식사를 아예 하지 않으면 굶어 죽을 것이다. 그러므로 한 끼

섭취 칼로리를 줄이거나 식사를 간헐적으로 건너뛰는 '간헐적 단식'이 수명을 연장하는 데 효과적이라고 한다.

인간을 대상으로는 아직 입증되지 않았지만 선충, 파리, 쥐, 원숭이 등을 이용한 실험이 다수 이루어져서 수명이 연장된다는 결과가 나왔다. 그러나 간헐적 단식에 관해서는 어떤 방법이 최상인지 아직 확실히 알 수 없다.

한 주에 이틀 정도 칼로리를 75퍼센트로 줄인다거나 이틀에 한 번 공복 상태로 지낸다거나 또는 주 2~3일 식사를 전혀 하지 않는다 등 다양한 방법의 효과를 관찰하고 있지만, 아직 결론이 나지 않았다. 가장 실행하기 쉬운 방법은 매일 한 끼를 굶는 것이다. 예를 들어 점심을 먹지 않는 것이다. 아무튼 영양실조가 되지 않는 정도로 해야 한다.

② 인슐린 신호 억제

일부러 인슐린을 별로 작용하지 않게 하면 수명이 연장되는 것도 동물 실험에서 밝혀졌다.

③ TOR 신호 억제

TOR(Target Of Rapamycin)은 라파마이신 표적 단백질을 말한다. 세포 속에 있으며 세포의 증식과 대사를 조절한다. 단백질 합성도 촉진한다. 이런 작용을 완전히 중단시키면 세포는 죽지만, 이를 다소 억제하면 수명 연장에는 효과적이다.

④ 생식세포 제거

생식과 수명은 굉장히 깊은 관계를 갖고 있다. 생물도 자손을 낳으면 죽는 생물이 적지 않다. 그래서인지 생식세포를 제거하면 오래 산다. 이것도 여러 동물 실험으로 증명되었다.

물론 인간으로 실험할 수는 없지만 역사적으로 생식세포를 제거한 인간의 기록이 있다. 바로 환관(내시)다.

중국과 한국의 고려, 조선 왕조에 있던 환관은 생식기를 후천적으로 제거당한 사람이다. 그들은 40대 후반에서 50대 초반에 죽는 남성이 많았던 시대에 평균 70세까지 살았다는 기록도 있다. 여기서 주의해야 할 점은 아이를 낳지 않으면 오래 살 수 있다는 뜻이 아니라는 말이다. 생식세포 자체가 없어지지 않으면 장수로 연결되지 않는다. 그 이유는 아직 밝혀지지 않았다.

⑤ 미토콘드리아 억제

세포 에너지를 만드는 것이 미토콘드리아의 기능인데 이것을 억제하면 장수한다는 보고가 있다.

이러한 것들이 수명을 연장하는 대표적인 사례다. 흥미로운 것은 이들은 모두 생존에는 필요한 기능이지만 이 기능을 억제하는 편이 장수에는 좋다는 것이다. 즉, 너무 에너지가 넘치면 오래 살지 못한다는 느낌이다. 에너지를 절약하면서 저공비행을 하는 것이 장수의 비결인지도 모르겠다.

다만 이러한 것이 왜 수명을 연장하는지는 모두 '이유'가 분명하지 않다. 그리고 여기서 꼽은 다섯 가지 경로는 상호 관계성도 없다. 예를 들어 칼로리를 별로 섭취하지 않는 것과 생식세포 제거에는 전혀 관계성이 없다. 다섯 가지 방법은 각기 아무 연관이 없어 보이며 각기 따로 수명 연장에 도움이 되는 듯하다.

이런 이야기를 포함해 노화와 수명에 대한 연구를 자세하게 다룬 세계적인 베스트셀러가 『노화의 종말』이다. 저자인 데이비드 싱클레어(David A. Sinclair) 교수는 하버드대학교 의과대학 유전학 교수이자 저명한 노화 연구자다.

수명 연장에는
오토파지 활성화가 관련된다

"수명이 연장되는 이유는 제각각이라도 그 경로 어딘가에 공통된 무엇인가가 있지 않을까?"

이런 의문이 생기지 않는가? 오토파지를 연구하는 연구자들은 상호 관계성은 없지만 앞서 살펴본 수명이 연장되는 이유 ①~⑤ 모두에서 오토파지가 활발해진다는 것을 발견했다.

예를 들어 칼로리를 제한하는 경우를 보자. 식사량을 줄이면 몸속이 기아 상태가 된다. 기아 상태에서 영양을 공급하기 위해 세포 내부를 분해하는 것이 오토파지의 가장 중요한 역할이다. 그러므로 식사를 거르면 당연히 오토파지가 활성화된다.

상세한 내용은 건너뛰겠지만 인슐린 신호로 TOR 신호도 억제되면 오토파지가 활성화되며, 생식세포를 제거하거나 미토콘드리아의 기능을 억제해도 그렇다. 그러므로 오토파지가 핵심일지도 모른다고 생각하는 것이다.

참고로 싱클레어 교수는 오토파지까지 언급하진 않았다. 그는 수명 연장 경로의 상위에 있는 시스템을 생각하는 '노화의 정보 이론'이라는 자신의 가설에 몰두하고 있으므로 오토파지까지 생각이 미치지 못하는 것인지도 모른다.

수명 연장과 오토파지 활성화는 일단 상관관계다. 다음은 인과관계를 조사해야 한다. 그리고 내 연구실에서 직접 실험한 것은 아니지만 여러 가지 실험이 진행되었다. 그중 하나를 소개하겠다.

이 실험에는 선충을 이용했다. 유전자에 변이가 생겨 먹이를 별로 먹지 못하는 선충이 있는데, 이것은 보통 선충보다 수명이 길었다. 칼로리 제한 방식이다.

그리고 이 선충에 오토파지가 기능하지 않도록 유전자 조작을 가했더니 수명이 늘지 않았다. 이것으로 칼로리 제한에 의한 수명 연장에는 오토파지 기능이 필요하다는 인과관계를 알게 되었다.

나이를 먹으면
루비콘이 증가한다

또 하나, 이것도 우리가 한 실험은 아니지만 여기서 살펴보자. 선충, 파리, 쥐를 이용한 실험에서 나이를 먹으면서 오토파지 기능이 약화된다는 것이 나타났다. 정리하면 다음과 같다.

"오토파지가 없으면 ①에서 ⑤의 수명 연장 경로가 취소되고 원래 수명도 단축되며, 오토파지 기능은 나이를 먹으면 감소한다."

그런데 '왜 그럴까'라고 궁금하지 않은가? 그렇게 생각하는 사람은 과학적 사고가 몸에 익었다는 증거다.

우리도 '나이를 먹으면 오토파지 기능이 왜 약해질까? 그 원인을 제거해서 오토파지가 계속 활동하게 한다면 수명은 어떻게 될까?'라고 생각했다. 그러면서 착안한 것이 4장에서 소개한 오토파지를 억제하는 단백질인 루비콘의 기능이다.

루비콘을 눈여겨보게 된 이유는 단순하다. 지방간 실험에서 알게 된 원인은 루비콘 증가였다. 고지방식은 환경요인이지만 나이를 먹는 것도 환경요인이다. 게다가 대사증후군과 노화는 공통점이 많다. 그렇다면 루비콘이 관계하지 않을까 하는 생각이 든 것이다.

그래서 조사해보았다. 그 결과 선충, 파리, 쥐가 모두 나이를 먹음에 따라 루비콘이 증가해 오토파지 활동이 약화되었음을 알 수 있었다.

이것으로 상관관계는 확인했다. 다음은 인과관계를 확인하기 위해 유전자 조작으로 루비콘을 없는 상태로 만들고 각각 비교했다. 루비콘을 없앤 경우는 오토파지의 기능이 나이를 먹어도 약화되지 않았다.

즉, 나이를 먹어서 오토파지 기능이 약화되는 것은 루비콘이 증가하기 때문이다.

루비콘을 억제하면

노화를 멈추게 할 가능성이 있다

　다음으로 조사한 것은 물론 '나이를 먹어도 오토파지 기능이 약해지지 않는다면 수명은 어떻게 되는가'다. 즉, 루비콘을 없앤 선충이나 파리의 수명을 측정했다.

　루비콘을 없앤 선충과 파리의 수명은 오토파지가 활발하게 작용해 평균 20퍼센트나 증가했다. 대단한 일이다. 현대 일본인의 수명이 20퍼센트 연장된다면 평균수명이 100세를 넘긴다는 말이다. 오토파지에 필요한 유전자를 동시에 파괴하면 수명은 연장되지 않고 반대로 줄었다. 그러므로 오토파지의 활동이 약해지지 않았던 것이 수명이 연장된 원인이라는 인과관계도 증명되었다.

　그리고 루비콘을 제거하면 나이를 먹어도 오토파지 기능이 약해지지 않음을 증명한 실험에서는 나 자신도 예상치 못했던 여러 가지 발견을 할 수 있었다. 이것은 앞으로의 세계의 건강 상식을 뒤엎는 일이 될 것이다.

　먼저 배양접시 안에서의 선충의 움직임을 관찰했다. 선충이 움직이는 모습을 비디오로 촬영한 다음 얼마나 움직였는지 측정해서 그래프로 나타내보았다. 전혀 화려하지 않은 방식이지만 앞서 말했듯이 과학은 이런 실험이 켜켜이 쌓여서 결과가 나타난다.

루비콘이 없는 선충은 나이를 먹어도 활발하게 움직였다. 보통 선충의 2배는 움직였다. 이것은 인간이라면 80세 할머니가 미소 지으며 42킬로미터가 넘는 풀마라톤을 하는 광경을 보는 것만큼이나 충격적인 일이다.

정말로 예상 밖의 일이었다. 운동량 저하가 노화의 특징 중 하나이기 때문이다.

3장에서 여러분과 함께 생각했을 때 나온 내용인데, 수명과 노화는 다른 것이다. 인간의 경우 반드시 노화하므로 노화와 수명을 동일선상에서 본다. 그런데 육체는 전혀 늙지 않는데 이미 결정된 수명이 오면 갑자기 죽는 짧은꼬리알바트로스와 같은 생물도 있다.

이 실험에서 선충은 나이를 먹어서도 젊었을 때의 몸의 기능을 유지하고 있었을지도 모른다는 말이다. 즉, 생물의 루비콘을 억제하면 수명도 연장되고 노화를 멈추게 할 가능성을 보게 된 것이다.

그래프에 속지 않는다

실험에서 결과에 도달하기까지는 당연히 시행착오를 겪는다. 다른 실험도 하고 같은 실험도 몇 번을 한다. 특히 n수(샘플수)가 중요하다. 한 번만 나온 결과는 우연일 수도 있다. 과학의 세계에서는 우연이 아닌 의미 있는 것을 '유의미하다'고 표현한다.

생물을 이용한 실험은 개체마다 차이가 있으므로 유의미한지 판단할 수 있을 때까지 몇 번이고 실험해야 한다. n수는 많을수록 좋지만 그러려면 엄청나게 시간과 노력이 필요하다. **그러므로 여러분도 어떤 실험 결과를 들었을 때는 '이 실험의 n수는 무엇인지' 생각하면서 그 조사와 실험이 신뢰할 만한지를 판단하는 재료로 삼아야 한다.**

이것은 생명과학뿐 아니라 일상에서도 중요한 관점이다. 예를 들어 'A지역 사람들은 흉폭하고 운전 습관이 거칠어'라는 말을 들으면 그 결론의 n수는 몇 개인지 생각하도록 하자.

내가 'A지역 사람들이 그렇게 흉폭하진 않지만 운전 습관이 거칠다'고 생각한다. 그러나 그것이 친구 세 명 정도의 흉폭하고 거친 운전 습관을 보고 그렇게 말한 것이라면 유의미하다고 할 수 없다. 그러나 세상에는 한 명밖에 모르는 어떤 나라 사람을 가리키면서 함부로 단정짓는 사람이 있다.

그러나 실험은 수없이 충분히 횟수를 쌓아가지 않으면 그 결과의 신빙성을 인정할 수 없다.

참고로 위에 T자가 달린 그래프가 있는데, 이것은 몇 번인가 실험해서 그 오차의 폭을 그래프로 나타냈다는 의미이므로 n이 많이 있다는 뜻이다. 다음 그림을 보자.

그러나 n이 많이 있어도 오차의 폭이 너무 크면 평균과 차이가 나서 유의미하다고 말할 수 없는 일도 있다. 어떤 그래프인지 찬찬히 살펴보는 것이 중요하다. 이런 것은 생명과학만의 문제가 아니다. 통계학 분야에서도 유의미한 차가 있는지 구하는 수식을 모색 중이다.

그림 10. 'n수는 몇인가'라는 관점에서 그래프를 보자

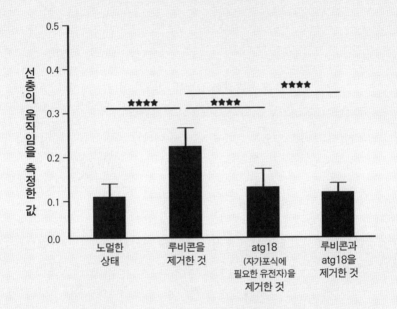

※ 모두 나이를 먹은 선충으로 한 실험임.
※ 그래프의 ★ 숫자는 유의미한 차이인지 검증하는 방정식에 대입
해, 더욱 확실하다고 판단할수록 늘어난다.

오토파지를 활성화하면
신경변성질환을 억제할 가능성이 있다

노화의 최대 특징은 다양한 질병에 걸리기 쉽다는 것이다. 중증으로 발전하기도 쉬워서 사망률이 올라간다.

앞서 루비콘이 없는 선충은 나이를 먹어도 활발하게 움직인다고 했다. 결론부터 말하자면 여러분의 상상대로 루비콘을 없애면 나이를 먹으면서 걸리기 쉬운 병에 좀처럼 걸리지 않는다는 것을 알았다. 상상대로라고 했지만, 실험을 하기 전에는 우리는 그것까지 예상하진 못했다. 수명이 연장될 것이라고만 생각했다.

나이를 먹으면서 걸리기 쉬운 병을 가령성질환(나이를 먹으면서 생기는 퇴행성 질병들―옮긴이)이라고 하는데 여기에는 여러 가지 병이 해당한다. 예를 들어 신장섬유증(Renal Fibrosis)도 그중 하나이다. 섬유증은 장기 세포의 틈새에 콜라겐 섬유가 늘어나 장기가 딱딱해지는 병이다. 신장에 그런 증상이 생기면 소변이 잘 나오지 않는다.

신장섬유증은 나이를 먹으면서 생기기 쉬운데 쥐에게 유전자 조작을 해서 신장에서 루비콘을 만들지 못하게 했더니 섬유화가 별로 발생하지 않았다.

다음으로 가령성질환 중에서도 가장 중요한 신경변성질환에 관해 조사했다. 신경세포의 루비콘 유전자를 파괴한 쥐의 뇌에 알파시누클레인(Alpha-synuclein)이라는 단백질 덩어리를 주사했다. 알파시누클레인의 덩어리가 신경세포 안에 쌓이면 파킨슨병에 걸린다.

더구나 파킨슨병이 무서운 이유는 이 알파시누클레인 덩어리가 마치 바이러스처럼 세포에서 세포로 전염한다는 것이다. 주사한 지 1년이 지난 뒤 쥐의 뇌를 조사하자 주사한 부위가 아닌 다른 곳에도 알파시누클레인 덩어리가 퍼져 있었다. 그러나 루비콘 유전자를 파괴한 쥐에게는 확산 정도가 심하지 않았다. 즉, 파킨슨병이 심하게 진행되지 않았다.

이런 실험 결과는 약으로 오토파지를 활성화할 수 있다면 가령성질환, 즉 노화를 억제할 가능성이 높다는 점을 시사한다.

왜 루비콘이
존재하는가

여기서 또 이상하다는 생각이 들 수도 있다. 루비콘이라는 건
왜 존재하는 걸까? 없는 편이 건강하게 살 수 있는데 동물은 왜
루비콘을 갖고 태어날까?

그러나 모든 존재에는 어떤 이유가 있을 것이다. 생명은 합리
적이다. 그러므로 우리는 루비콘이 필요한 장기나 조직이 있지
않을까 생각했다.

그래서 루비콘이 필요한 장기나 조직을 찾기 위해 각 장기에
루비콘이 없는 쥐를 만들어 실험했는데, 역시나 루비콘이 없으
면 곤란한 곳이 몇 군데 있었다.

그중 하나는 이미 논문으로 발표했으니 여기서 말할 수 있다
(나머지는 아직 논문으로 쓰지 않았으므로 아직은 말할 수 없다). 그것은
지방세포다. 말 그대로 지방을 축적하는 세포다.

건강의 적이라고 생각할 수도 있지만 지방세포는 영양을 축
적하는 세포이며 뒤에 나오듯이 호르몬도 방출한다. 우리 몸에
없으면 안 되는 세포다.

그리고 이 세포의 루비콘을 파괴하자 당뇨병 같은 증상이 나타났다. 지방세포에서 오토파지가 과도하게 활성화되면 안 되는 것이다.

지방세포에는 영양을 축적하는 것 외에 여러 호르몬을 방출하는 역할이 있다. 호르몬은 정보를 전달한다.

그중 전신의 당의 수준을 조절하는 호르몬이 있다. 당은 설탕 덩어리이며, 이 호르몬은 당을 조절하여 살이 찌는지 안 찌는지에 영향을 미친다. 루비콘이 없어지면 오토파지가 지나치게 활성화되어 호르몬을 만드는 데 필요한 단백질을 분해해버린다. 그 결과 호르몬이 나오지 않게 된다.

그리고 놀랍게도 지방세포에서만큼은 루비콘은 늙을수록 줄어들었다. 그래서 나이를 먹으면 지방세포의 자가포식이 과도하게 활성화되어 호르몬을 만드는 단백질이 파괴된다. 2형 당뇨병 등의 대사증후근은 가령성질환이기도 하다. 지방세포에서의 루비콘 감소가 그 원인일 수도 있다.

뭔가 좀 복잡해졌는데, 핵심은 나이를 먹으면 오토파지 기능이 지나치게 약해지거나 지나치게 활성화되어 좋지 않은 일이 일어난다는 뜻이다.

지방세포 외에도 몸속에서 루비콘이 필요한 조직은 여러 개 발견되었다고 했다. 그렇지만 몸 전체적으로 보면 필요 없는 장기가 훨씬 많은 듯하다.

이제부터는 추측이다. 예를 들어 간의 루비콘은 지금은 필요 없지만 옛날에는 필요했을지도 모른다. 인류는 대체로 굶주린 상태였고 먹을 것을 좀처럼 구하지 못했다. 어쩌다 먹을 것을 구했을 때는 그것을 몸속에 되도록 오랫동안 축적해두고 싶었을 것이다. 그래서 루비콘으로 간세포의 지방방울 분해를 억제하는 쪽이 효율적이었을 것이다. 루비콘은 인류의 기나긴 역사를 생각하면 도움이 되었던 시간이 더 길었을지도 모른다.

하버드대학교의 싱클레어 교수는 노화는 병의 일종이라고 한다.

물론 현대 의학에서는 노화를 병으로 인식하진 않는다. 필연적으로 일어나는 자연현상이므로 어쩔 수 없는 현상이라고 생각할 뿐이다. 그러나 싱클레어 교수는 최신 노화 연구를 근거로 이 생각에 맞서면서 노화는 병이므로 치유할 수 있다고 주장한다.

나는 노화를 병이라고 생각하진 않는다. 그러나 노인이 병에 걸려 병원에 갔더니 종종 '늙었으니까 어쩔 수 없다'는 말을 듣고 어깨를 축 늘어뜨리며 돌아가는 모습을 보면 정말 불합리한 일이라고 느낀다. 늙었으니까 어쩔 수 없다고 치부할 일은 아니지 않을까.

진화의 과정에서 본래 생명의 속성은 아니었던 노화나 수명을 일부러 채택한 것이라면, 노화와 죽음을 부르는 프로그램이 게놈에 감춰져 있는 것은 아닐까?

예를 들어 루비콘의 양이 왜 나이를 먹으면 변하는지는 아직 밝혀지지 않았다. 지금 내 연구실에서 진행 중이지만 지금까지 조사한 바로는 루비콘의 양은 서서히 변화하지 않고 동물의 생식 연령을 넘었을 무렵에 급속히 증가한다. 어떤 장치라도 탑재되어 있는 것은 아닐까?

노화는 물론 오토파지만으로 일어나는 것이 아니라 여러 인자가 상관된 복잡한 현상일 것이다. 연구가 더 진행되면 노화 프로그램설의 진위도 밝혀질 것이다.

싱클레어 교수와 나는 노화를 해석하는 관점이 다르지만 지향하는 바는 같다. 노화를 억제하여 모든 사람이 건강한 상태로 오래 사는 사회다. 그리고 그것은 그리 머지않아 실현할 수 있지 않을까 예상한다.

오토파지와
병의 관계

지금까지 나이가 들면서 발생하는 질환과 오토파지에 관해 설명했다. 여기에서는 오토파지가 막는 대표적인 질병을 소개하겠다.

① 대사증후군

2형 당뇨병이나 동맥경화, 고요산혈증도 오토파지와 관련이 있다. 예를 들어 인슐린을 분비하는 췌장의 랑게르한스섬 베타세포에서 오토파지에 필요한 단백질 유전자를 파괴한 쥐는 인슐린이 원활하게 분비되지 않아 2형 당뇨병에 걸린다.

② 신경변성질환

이것은 이제 귀에 딱지가 앉을 정도일 것이다. 알츠하이머병, 파킨슨병, 헌팅턴병 등을 들 수 있다. 그 밖에도 ALS(Amyortophic Lateral Sclerosis, 루게릭 병) 등 여러 가지다. 오토파지의 활동이 둔화하면 증상이 악화된다.

③ 간암

간에서 오토파지가 되지 않는 쥐는 암에 걸린다는 보고가 있다. 오토파지가 평소에 간암을 방지할 가능성이 크다는 말이다. 참고로 다른 장기에서 오토파지를 중단시켜도 암에 걸리는 일은 별로 없다. 이유는 아직 밝혀지지 않았다.

④ 신장병

섬유증 외에도 신장결석의 원인이 되는 결정(수산칼슘결정, 요산결정)이 혈중에 생기면 신장 세포의 리소좀에 구멍을 뚫으므로 신장 기능이 저하된다. 그것을 신증이라고 한다. 이 구멍이 뚫린 리소좀을 제거하는 오토파지의 활동이 약해지면 신증이 악화된다. 또 신부전 합병증인 대사성 아시도시스라는 증상이 있는데 이것도 신장의 오토파지가 파괴된 미토콘드리아를 미처 제거하지 못해서 생긴다.

⑤ 심부전

심장에서 오토파지가 기능하지 못하는 쥐는 나이를 먹거나 심장에 부담을 주면 심부전에 걸린다.

참고로 어떻게 해서 오토파지가 병을 막고 있는지는 병마다 다르다. 그 원리를 잘 모르는 것도 있다.

오토파지는 오히려
암세포를 돕는다

오토파지가 없으면 걸리기 쉬운 병으로 암이 있다. 미토콘드리아가 손상되기 때문이다. 활성산소가 유출되어 유전자 변이가 일어나면 암이 된다.

그런데 여기서 기억해야 할 것은 일단 암이 되어버리면 오토파지가 오히려 암을 도와준다는 점이다. 암세포는 지나치게 활발하게 증식하는 자신의 세포를 가리킨다. 이 세포의 활동 자체는 정상이다.

암세포는 원래 자신의 세포이므로 오토파지를 할 수 있다. 그리고 암은 전이된다. 암은 전이될 때 혈관에서 떨어져 조직 속으로 숨어 들어간다. 혈관에서 떨어진다는 것은 주위에서 영양을 얻을 수 없다는 뜻이다. 그러나 암세포는 오토파지에 의해 스스로 영양을 만들어 그 시간을 견딘다. 오토파지의 역할 ①이 (암세포에게) 도움이 되는 것이다.

또 고형종양의 내부도 영양이 도달하지 않으므로 오토파지가 활용된다. 항암제로 공격을 받았을 때도 오토파지로 에너지를 만들어서 버틴다(우리의 입장에서는 굳이 버티지 않아도 되는데 말이다). 어떤 종류의 췌장암에서는 주위에 영양이 있어도 오토파지로 만드는 영양에 의존하는 것도 있다. 이것을 오토파지 중독이라고 부른다.

그러므로 암에 걸리면 오토파지를 중단시키는 편이 낫다고 한다. 실제로 미국에서는 항암제와 자가포식을 중단시키는 약을 병용하는 임상시험이 이미 이루어지고 있다. 임상시험은 실제 환자를 상대로 조사하는 단계를 말한다.

면역력 강화에도
오토파지가 필수

노화하면 면역력이 저하된다. 당연히 인플루엔자를 비롯해 감염병에 대해 취약해지고 폐렴 등의 염증도 중증화되어 목숨이 위험할 수도 있다. 또 백신도 잘 듣지 않는다. 면역력 저하는 알츠하이머병이나 당뇨병 발병과 악화에도 영향을 미친다. 면역력 저하는 노화 현상 중 가장 무서운 증상이다.

면역과 오토파지는 다양한 면에서 관련이 있다. 알기 쉽게 말하면, 오토파지는 외부의 적을 배제하는 능력이다. 세포 내에 침입한 병원체를 죽이는 역할을 한다. 이것은 오토파지가 직접 활동하는 것이니 알기 쉬울 것이다. 나이를 먹으면 이 기능이 쇠퇴한다.

그 이외에 항체와도 관련이 있다. 기억하는가? 면역은 주로 면역세포가 담당하며 항체를 만드는 것이 B세포다. 이름은 기억하지 않아도 되지만 항체를 만드는 세포가 있다는 것은 알아두자.

세포에는 근원이 되는 세포가 있다. 이것을 줄기세포(Stem

Cell), 또는 간(幹)세포라고도 한다. 벌의 여왕벌과 같은 존재다. 깊은 곳에 조용히 있으면서 필요에 따라 아이를 만드는 이미지다.

어떤 조직의 세포에도 각기 줄기세포가 있는데 면역세포의 줄기세포가 B세포를 만들 때에는 오토파지가 필요하다. 또 암살자와 같은 T세포를 기억하는가? 적이 체내에 들어온 것을 감지하고 적을 공격해서 면역을 돕는다. 이 T세포가 줄기세포에서 생길 때에도 오토파지가 필요하다.

면역세포가 생길 때뿐 아니라 면역 기능을 발휘하기 위해서도 오토파지는 필요하다. 예를 들어 항체를 만든다거나 적은 이런 녀석이라고 동료 면역세포에 알릴 때도 그렇다.

백신의 효용을 높이거나
염증을 억제할 수도 있다

백신은 몸에 약한 병원균을 넣어서 몸이 병원균을 기억하게 만드는 것이다. 그런데 백신을 투여해도 오토파지가 활성화되지 않으면 항체가 생기지 않는다. 그러므로 오토파지를 활성화해서 백신의 효용을 높이는 방법을 함께 하는 연구도 진행 중이다.

염증에 의해 사이토카인이 방출될 때에도 오토파지와 상관이 있다.

사이토카인은 정보를 전달하는 물질이다. 이것이 지나치게 많이 나와 사이토카인 폭풍이 일어나면 생명을 잃을지도 모른다. 오토파지가 이 염증에 의한 사이토카인의 분비를 억제하는 것이 우리와 자연면역에 관한 세계적 권위자인 오사카대학의 아키라 시즈오(審良靜男) 교수의 공동연구로 밝혀졌다. 유전자 조작으로 면역세포의 오토파지를 하지 못하는 쥐를 만들고, 그 쥐가 장염에 걸리게 하자 쥐는 사이토카인 폭풍을 일으키며 죽었다.

그 밖에도 많은 연구가 있으며 오토파지는 자연면역과 획득면역 양쪽에 깊고 넓게 관여한다는 것이 알려지고 있다. 물론 아직 해명되지 않은 부분도 많다.

노화한 사람의 B세포의 오토파지를 활성화하면 항체를 만드는 능력이 회복된다고 발표되었는데, T세포와 그 밖에 관해서는 앞으로도 연구가 필요하다.

교과서 속의 미토콘드리아는
원래 모습이 아니다

미토콘드리아는 어떤 모습일까? 여러분은 교과서에 나오는 젤리 비즈
나 구부러진 구슬 모양을 떠올릴 것이다. 그러나 실은 이것은 건강한 미
토콘드리아의 모습이 아니다.

이것은 전자현미경으로 보기 위해 세포를 고정할 때 미토콘드리아가 찢
어진 모습이다. 미토콘드리아는 세포가 죽으면 찢어지는데 본래는 긴
끈 모양이다. 그런 점도 형광현미경에 의한 살아 있는 세포를 관찰하면
서 알게 되었다.

여전히 교과서에는 구부러진 모습으로 나오지만 이것은 이제 낡은 정보
다. 과학이 발전하면 같은 사물도 다르게 보이는 좋은 예라 할 수 있다.

오토파지는
미용에도 좋다

지금까지 오토파지와 병에 관해 살펴보았다.

실은 오토파지는 질병이 아닌 다른 분야와도 관련이 있는데, 바로 미용 분야다. 오토파지는 여러분의 피부를 탱탱하게 해줄 수도 있다. 이게 무슨 돌팔이가 하는 헛소리인가 의심쩍을 것이다. 그러나 피부와 오토파지는 관련이 있다. 그것도 무척 깊은 관계다.

먼저 피부색은 오토파지가 크게 관여한다.

피부색은 멜라닌 색소가 결정한다. 멜라닌은 티로신(Tyrosine)이라는 아미노산에서 생성되는 분자이며 흑갈색을 띤다. 크기 계층은 단백질보다 아래다. 멜라노사이트(Melanocyte)라는 세포(색소세포)에서 생성된다.

좀 더 자세히 설명하자면 멜라노사이트 안에는 멜라노솜이라는 세포소기관이 있으며 이것은 멜라닌을 고정시킨다. 현미경으로는 검은 알갱이로 보인다. 멜라노사이트 안에는 이 멜라노솜이 가득하다.

멜라노사이트는 멜라노솜을 재빨리 만들어 가까이 있는 각질세포(케라티노사이트Keratinocyte)로 보낸다. 어려운 이름이 나왔는데 이것도 외우지 않아도 된다. 각질세포야말로 바로 여러분이 보고 있는 피부다. 공급원인 멜라노사이트는 깊숙이 있으므로 피부를 봐도 그 존재를 알 수가 없다.

그러므로 우리가 보는 피부는 각질세포의 집합체다. 각질세포는 멜라노사이트에서 멜라노솜을 받고 그것으로 피부색이 결정된다. 아주 단순하지 않은가? 이 멜라노솜의 멜라닌이 많으면 피부가 검어지고 적으면 하얗게 된다.

멜라노사이트로 멜라닌이 어떻게 생성되는지 그 원리를 알면 피부를 하얗게 하는 연구는 더욱 빠르게 진행될 것이다. 멜라닌을 만들지 못하게 하면 되는 셈이다.

한편으로 이미 각질세포에 쌓인 멜라닌(즉, 지금 현재 보이는 피부색)의 운명까지 신경 쓰는 사람은 없었다. 그러나 오토파지의 연구자인 나는 분명히 멜라노솜은 피부에서 분해되고 있으며 오토파지가 그 일을 하고 있을 것이라고 생각했다. 오토파지는 세포 내의 세포소기관을 파괴할 수 있는 유일한 수단이기 때문이다. 멜라노솜도 세포소기관이다.

자세히 연구해보니 먼저 각질세포에서 멜라노솜이 오토파지에 의해 분해되는 것을 확인할 수 있었다. 그러면서 재미있는 점을 발견했다.

백인과 흑인의 피부 세포를 배양했는데 백인의 피부 세포에서는 오토파지가 활발했던 반면, 흑인의 피부세포에서는 별로 활발하지 않았다. 오토파지의 활동이 피부색을 결정하는 데 관여하고 있다는 말이다.

또한 오토파지를 활성화시키는 약제를 배양한 피부세포에 뿌렸더니 멜라노솜이 분해되어 육안으로도 피부세포의 색이 밝아졌다.

최근 화장품회사들이 발표하는 기사를 보면 오토파지라는 글자가 여기저기 튀어나온다. 일반인들은 오토파지가 무엇인지 아직 잘 모르는데도 미용업계에서만은 대유행 중이다. 다만 대부분 미백이 아닌 피부의 안티에이징 효과를 홍보한다.

이 책을 읽어서 오토파지를 이해하게 된 여러분이라면 확실히 피부 노화에도 효과가 있겠다고 생각할 것이다.

그러나 화장품의 경우, 실제로 그런 결과가 실험에서 나왔다기보다는 오토파지는 세포를 젊어지게 하는 기능이 있으니까 분명히 효과가 있을 거라는 추측에 기반한 것이 많다. 어떤 화장품을 썼더니 오토파지가 활성화되어서 피부세포에 이런 변화가 있다는 증거를 나는 아직 들어보지 못했다.

그래도 그럴 가능성은 크다. 앞으로 연구가 진행되면 오토파지를 활성화하여 실제로 주름이 줄어들거나 피부 탄력을 회복하는 것은 충분히 가능하지 않을까.

또 하나하나의 피부의 오토파지 능력을 조사해서 피부 노화 진행 상황이나 연령 대비 피부 상태를 진단할 수 있을지도 모른다.

일상생활에서 오토파지를
강화하는 방법

앞으로 오토파지를 활성화해서 병을 치유하거나 예방하는 약을 개발하는 일이 급속히 진행될 것이다. 우리 연구진도 거기에 일조하기 위해 밤낮으로 연구하고 있다.

처음에도 썼듯이 약은 하루이틀 만에 완성되지 않는다. 어떤 약이 실용화하기까지 10년, 20년은 걸리는 일도 드물지 않다. 그렇게 시일이 걸려도 완성되지 못할 수도 있다.

또 실용화에 도달해도 부작용 문제는 어느 약에나 따라붙는다. 게다가 오토파지가 관련된 질환은 만성적인 질병이 많으므로 오랫동안 약을 복용해야 한다. 그러니 가능하면 병에 걸리지 않고 건강한 상태로 사는 것이 가장 좋다.

평소에 오토파지 활동이 약화되지 않도록, 또는 오토파지 활동을 증대하도록 할 수 있다면 그것이 상책이다. 여기서부터는 일상생활에서 오토파지를 활성화하는 가능성이 있음을 소개한다. 당장 내일부터라도, 아니 이 책을 읽자마자 할 수 있는 일이다.

콩과 버섯은
오토파지를 활성화한다

자가포식을 활성화하는 천연 식품 성분에 관한 연구가 무척 활발하게 진행되고 있다. 중국에서는 한방약 등과 자가포식의 관계를 기록한 논문이 잇달아 나오고 있다.

여기서는 대표적인 것을 소개한다.

하나가 스퍼미딘(Spermidine)이다. 콩과 발효식품에 많이 함유되어 있다. 가장 유명한 제품은 낫토다. 그 밖에도 된장과 간장, 숙성된 치즈, 표고버섯 등 버섯류에도 들어 있다.

이것은 폴리아민의 일종으로 단백질보다 약간 작은 분자다.

이미 세포와 동물을 이용한 실험에서 스퍼미딘이 오토파지를 활성화한다고 알려졌다. 심부전 예방 효과가 있고 수명을 연장한다는 보고도 발표되었다.

면역세포는 노화하면 항체를 만드는 힘이 약해진다. 노화된 사람의 B세포에 스퍼미딘을 투여했더니 오토파지가 활발해지고 항체를 만드는 양이 늘었다는 실험 결과도 있다.

참고로 스퍼미딘은 우리 체내의 세포에서도 합성된다. 아미노산으로부터 만들 수 있다. 그러나 여기에는 중요한 포인트가 있는데, 젊은 세포만이 할 수 있다는 점이다. 이것은 이미 인간을 대상으로도 조사했는데, 젊은 사람은 스퍼미딘을 스스로 생성할 수 있지만 나이를 먹으면 생성량이 급감한다.

인간은 나이를 먹으면 참 큰일이다. 루비콘은 늘어나고 스퍼미딘은 생기지 않게 되면서 오토파지는 급감한다.

그러므로 '내가 나이가 들었나?'라고 생각하면 콩밥에 버섯을 넣은 된장국을 먹어서 스퍼미딘을 섭취하는 게 좋을 수도 있다.

또 차에 함유된 카테킨이나 연어와 연어알, 새우 등에 함유된 적색천연색소인 아스타크산틴도 오토파지를 활성화한다. 다만 어떤 식품을 어느 정도 섭취하면 되는지는 아직 분명히 밝혀지지 않았다. 앞으로 그에 대한 연구도 진행되어야 할 것이다.

밤에는
레드와인과 치즈

그 밖에 오토파지에 효과적인 성분으로 알려진 것은 레스베라트롤(Resveratrol)이다. 이것은 폴리페놀의 일종으로 포도와 레드와인에 다량 함유되어 있다.

여러분은 프렌치 패러독스(French Paradox)라는 말을 들어본 적이 있는가? '프랑스인의 역설'이라는 뜻이다. 프랑스인은 고기와 버터 등 지방이 많은 음식을 좋아하고 와인까지 마시는데 미국인이나 영국인보다 수명이 길다. 이상하다고 여긴 사람들이 조사해서 발견한 것이 레스베라트롤이다.

인간을 대상으로 실험하지 못해서 레스베라트롤이 프렌치 패러독스의 원인이라고 단언할 수는 없다. 그러나 동물 실험에서는 레스베라트롤에 수명 연장 기능이 있다는 것이 확인되었다. 그리고 오토파지도 활성화한다. 수명이 연장되는 이유가 오토파지인지 아닌지 인과관계는 확실하지 않지만, 어느 쪽이든 레스베라트롤을 섭취하면 장수 효과가 있는 것은 분명하다.

그러므로 심장병이나 동맥경화도 예방하고 오토파지를 활성화하고 싶다면 레드와인을 마시는 것도 괜찮을 듯하다. 낫토와 레드와인은 아무리 생각해도 궁합이 맞지 않으므로 아침에는 낫토와 연어구이, 밤에는 새우를 먹고 치즈를 안주 삼아 레드와인을 즐기면 되지 않을까. 다만 레드와인도 얼마나 마시면 효과가 있는지는 인간의 경우 알 수가 없으므로 알코올중독이 되지 않으려면 건강기능식품을 섭취하는 편이 나을지도 모른다.

레스베라트롤, 스퍼미딘, 카테킨, 아스타크산틴은 모두 건강기능식품으로도 판매되는 성분이다.

예부터 건강에 좋다는 것은
오토파지에도 좋다

손쉽게 오토파지를 활성화하고 싶다면 식사를 하지 않으면 된다. 생각해보자. 오토파지는 세포가 기아 상태가 되면 활성화한다. 그러므로 식사를 거르면 틀림없이 오토파지가 활성화된다.

얼마나 활성화되는가 하면 실은 여러분이 점심을 먹고 저녁을 먹는 사이 정도 위를 비워놔도 충분하다. 식후 4시간 정도면 자가포식이 활성화된다. 한 끼를 거르면 더욱 활성된다.

그러나 '한 끼만 걸러도 오토파지가 활성화된다고? 그럼 며칠을 단식하면 오토파지가 엄청나게 활성화되어서 병에 걸리지 않겠네!'라는 건 아니다. 단식은 다른 위험요소가 크기 때문에 극단적인 행위는 하지 않는 편이 좋다.

오토파지와 상관없이 많은 사람이 식사를 노화와 수명이라는 측면에서 연구한다. 앞에서 수명을 연장하는 다섯 가지 방법인 수명 연장 경로를 소개했는데, 그중에 실천하게 쉬운 것은 칼로리 제한이므로 자연히 식사에 관한 연구를 활발하게 하는 것이다.

앞서 소개한 유전자 변이로 먹이를 별로 먹지 못해 결과적으로 칼로리 제한을 하게 된 선충의 실험을 기억해보자.

이 선충은 다른 선충보다 수명이 늘어났는데 유전자 조작으로 오토파지를 할 수 없게 만들면 수명이 다시 줄어들었다. 인간도 같은 일이 일어나는지는 아직 알 수 없지만 간헐적 단식이나 칼로리 제한은 오토파지를 활성화하여 수명을 늘릴 가능성이 크다. 참고로 이 장수하게 된 선충을 더 살펴보면 루비콘이 줄어들어 있었다. 또 다른 수명 연장 경로에서도 루비콘이 감소했다고 확인했다.

인간을 대상으로 유전자 조작 실험은 절대 하면 안 되는 일이며 수명에 관한 실험은 시간이 걸린다는 난점이 있지만, 대신 다음과 같은 실험을 하고 있다. 주 5일간 칼로리를 대폭 제한하는 실험이다.

칼로리를 제한하는 날에는 채소수프와 건강보조식품만 섭취했더니 약 3개월 만에 체지방과 혈압이 떨어졌다. 또 IGF-1의 수치가 내려갔다는 보고도 있다.

IGF-1은 인슐린과 구조가 유사한 성장 호르몬이다. 음식을 먹은 뒤 영양성분이 혈중에 증가할 때 그것을 감지해 세포를 활성화하게 하는 호르몬이다. 이 수치가 억제되는 편이 오래 살 수 있는데, 칼로리를 제한했더니 이 수치가 떨어졌다고 한다. 상관관계밖에 말할 수 없지만 그래도 상당히 논리적인 데이터다.

칼로리 제한을 어떤 식으로 하는 것이 최선인지는 아직 알 수 없지만, 하루의 식사 횟수를 줄이는 것은 앞에서 말했듯이 비교적 실천하기 쉬운 방법이다. 중국의 한 지방에는 100세 이상인 고령자가 많이 사는 곳이 있는데, 모두 아침 식사를 하지 않는다고 한다.

나는 음식을 먹는 것을 좋아하기 때문에 식사와 칼로리 제한 방식은 내심 절대 하고 싶지 않다고 생각하지만, 그래도 최근에는 점심을 먹지 않으려 노력하고 있다. 늦은 아침 식사와 이른 저녁 식사를 해서 식사 전에 공복감을 느끼게 하고 있다. 그렇게 하면 식사도 한층 맛있게 할 수 있어서 일석이조다.

참고로 『노화의 종말』의 저자인 싱클레어 교수도 '하루 세 끼 중 한 끼를 거르거나 적어도 아주 소량만 먹는다. 일정이 빡빡해서 대체로 점심 먹을 시간을 놓친다'고 한다. 물론 사람마다 상황이 다르니 여러분도 자기 나름의 과학적 사고를 발휘해 판단하면 되는 일이다.

단식을 오래 하면
근육이 줄어든다

간헐적 단식은 인간이 오토파지를 활성화하는 데 효과적이라고 하지만 이것도 적당히 해야 한다.

단식으로 오토파지가 가장 활성화되는 곳은 근육을 지탱하는 세포 내에서다. 쥐를 대상으로 한 실험에서는 1~2일 먹이를 주지 않았더니 근육이 먼저 줄어들었다.

근육 세포 속에는 힘을 내기 위한 가늘고 긴 단백질이 이어져 있는데 영양이 보급되지 않으면 이 단백질이 분해되어 근육이 줄어든다. 그러면 팔다리가 가늘어진다.

그런데 에너지를 축적하는 역할을 하는 지방세포는 좀처럼 줄어들지 않는다. 즉, 팔다리는 가늘고 배만 툭 튀어나온 체형이 될 가능성이 크다.

따라서 나는 한 끼 정도 거르는 것은 문제가 없겠지만 극단적인 단식은 권하지 않는다.

적당한 운동은
오토파지를 활성화한다

오토파지를 활성화하는 데에는 운동도 효과적이다.

이것도 쥐 실험에서는 증명되었다.

피트니스 클럽에 가면 트레드밀, 이른바 러닝머신이 있다. 미국의 한 연구팀은 쥐가 이용할 수 있는 그와 유사한 기구를 만든 다음, 쥐를 그 기구 위에서 달리게 했다고 한다.

트레드밀에서 달린 쥐와 전혀 운동을 하지 않은 쥐를 비교했더니 명확하게 오토파지 양이 차이가 났다. 운동을 하면 근육의 오토파지가 활발해진다. 활발하게 된다고 해서 장기간 단식을 했을 때처럼 근육이 심하게 가늘어지진 않는다. 그것을 발표한 논문에는 적당한 운동은 오토파지를 활성화하여 당뇨병을 억제하는 작용을 한다는 결과가 나와 있다.

인간을 대상으로는 아직 어디까지 효과가 있는지 알 수 없지만, 쥐를 대상으로 한 실험에서 오토파지가 활성화되었다면 아마 인간에게도 효과가 있을 것이다.

좀 적은 듯이 먹고
운동하는 것이 최고

지금까지 오토파지를 활성화하기 위해 권장하는 사항을 소개했는데, 삼가는 편이 좋은 식사도 분명하다. 고지방식이다.

기름진 음식을 많이 먹으면 루비콘이 능가하고 오토파지의 움직임이 약화되어 지방간이 된다고 설명했다.

구체적으로는 튀기거나 고기의 지방 부분 등의 '기름'이다. 동물성, 식물성에 상관없이 기름은 오토파지의 활동을 감소하게 한다. 다만 물론 기름은 세포막을 만드는 등 중요한 역할도 하므로 완전히 기름을 먹지 않는 식의 극단적인 방법은 바람직하지 않다.

지금까지 오토파지를 활성화하는 방법을 이야기했다. 다시 한 번 정리하면

좀 적은 듯이 먹고 운동하며 기름진 음식을 피한다.

이것이 최상의 방법이다.

음식을 먹지 않으면 자가포식은 활성화하지만 얼마 동안이나 식사를 거르는 게 효과적인지 등 상세한 부분은 밝혀지지 않았다. 너무 많이 먹었다 싶으면 다음 끼니를 거르는 등 가볍게 조절하는 식으로 실천하자.

"오토파지를 활성화하는 방법이 생각보다 별거 없네요."

이런 목소리가 들리는 듯하다. 맞는 말이다. 오토파지를 활성화하려면 운동을 하고, 양식보다는 한식을 먹고, 과식하지 않는다. 그리고 술을 즐기는 사람이면 기왕이면 레드와인을 마신다.

평범한 식생활과 적당한 운동이 중요하다는 결론이다. 그렇게 해서 우리 몸의 오토파지가 활성화된다면 충분히 해볼 만하지 않을까?

연구자의 벤처기업 설립

연구 내용의 실용화에 관해 이야기해보자. 앞에서도 말했지만 아무도 오토파지를 알지 못했던 비주류 시절을 생각하면 지금은 믿기지 않을 정도로 오토파지에 관한 연구 환경이 변했다. 질병과의 관련성이 밝혀진 뒤 수많은 연구자가 오토파지 연구에 뛰어들었다. 오스미 교수가 오토파지로 노벨상을 받은 지 5년 이상 지났지만 이 분야는 여전히 일본이 1등이다. 논문의 피인용수를 보면 오토파지 분야에는 상위 10개 논문 중 LC3에 관한 논문을 포함한 4건이 일본에서, 개인별로는 상위 4명이 나를 포함해 일본인이다.

또 미국의 분석회사가 매년 고피인용 논문(Highly Cited Papers) 저자라는 지표를 발표하고 있다. 어느 해엔가 분자생물학·유전학 분야라는 큰 분야에서 전 세계에서 약 130명이 뽑혔다. 그중 일본인은 3명뿐이었지만 나를 포함해 모두 오토파지 연구자였다. 고피인용 논문 저자로는 미래의 연구에 큰 영향을 미치는 자연과학자와 사회과학자가 선출된다. 구체적으로 말하자면 과거 10년간 특정 분야에서 전 세계 논문 중 인용된 횟수가 상위 1퍼센트에 들어가는 논문을 여러 개 발표한 사람을 가리킨다.

세계에는 연구자가 약 630만 명이며 고피인용 논문 저자로 뽑히는 것은 겨우 6,000여 명, 즉 0.1퍼센트에 불과하다. 논문의 피인용수는 연구를 평가하는 여러 지표 중 하나에 불과하지만 일본의 오토파지 연구자가 상당히 잘해나가고 있음을 알 수 있다.

그런데 실용 단계가 되면 일본의 점유율은 훅 떨어진다.

특허 수는 일본이 미국의 절반 이하다. 중국에도 추월당했다. 즉, 기초 연구에서는 일본이 앞서고 있지만 그 내용을 실용화해서 비즈니스로 만드는 단계에서는 지고 있다. 이것은 오토파지뿐 아니라 자연과학 전반에 해당한다.

여기에는 일본이 원래 연구자, 특히 기초연구자 중에 특허를 생각하지 않는 사람이 전통적으로 많기 때문이다. 또 연구자가 특허를 취득하기 어려운 구조가 대학이나 사회에 뿌리내리고 있기 때문이기도 하다.

나 자신도 수십 년간 연구를 하고 있지만, 특허를 취득한 적은 최근까지 한 건도 없었다. 특히 오토파지 연구를 시작한 지 얼마 안 되었을 무렵에는 분야 자체가 성숙하지 못했다. 특허를 취득하지 않아야 많은 연구자가 자유롭게 내 연구 내용을 실험에 활용할 수 있어서 그 분야를 발전시키는 데 더욱 좋다고 생각했다.

예를 들어 LC3에 빛을 발하는 단백질을 2종류 결합해 오토파지가 진행되면 색깔이 변하는 단백질을 만든 적이 있다. 오토파지가 어느 정도 일어났는지 양을 측정할 수 있으므로 지금도 널리 쓰이고 있는데, 어느 날

미국 회사가 그 특허를 사고 싶다고 타진했다. 그러나 나는 애당초 특허를 취득하지도 않았고 무상으로 누구나 사용할 수 있게 한 상태였다. 그 회사는 놀라서 입을 다물지 못했다. 특허를 취득했다면 금전적으로는 이익을 얻었겠지만, 오토파지 분야의 연구가 발전하기를 더 원했으므로 후회하진 않았다.

그러나 지금은 오토파지 분야가 충분히 발전했고 많은 연구자가 이 분야에 들어왔다. 꾸준한 기초연구는 일본이 하고 그 성과를 실용화하여 경제적 이익을 취하는 것은 외국이 하는 '분업 체계'는 이제 자랑스럽지도 않고, 의미있는 행위도 아니다.

물론 일본에서도 특허를 따거나 창업을 하는 연구자가 늘고 있다. 그러나 해외와 비교하면 어떤 연구를 비즈니스에 활용할 때의 문턱이 여전히 높다.

미국에서는 대학에서 어떤 발견을 하면 주위 사람들이 내버려두지 않는다. '대학에서의 발견 → 벤처기업 창업 → 대기업과의 제휴 또는 매각'이라는 흐름이 원활하고 일반적으로 진행된다.

대학의 지원체제의 충실함이나 대기업과 벤처가 윈윈 관계를 만들 수 있는 것(물론 마음대로 되지 않는 측면도 있다) 등 각 단계가 탄탄하게 정립되어 순조롭게 돌아간다. 예를 들어 2016년에 FDA(미국 식품의약국)가 승인한 신약 22종 중 15종은 벤처기업이 만든 것이다.

일본도 벤처 지원에 정부가 팔을 걷어붙였고 대학도 변화를 외치지만 아직도 갈 길이 멀다.

일본은 '하고 싶으면 네가 알아서 해라'에서 '민관이 합심하여 응원한다'는 이행 과도기에 와 있으며 국가와 대학, 산업계가 모두 시행착오를 거듭하고 있다. 여기저기 뛰어난 연구 성과가 굴러다니고 있는데 그것을 제대로 활용하지 못하는 것이 일본의 현실이다. 대학의 지원체제도 그렇지만 대기업(의 지적재산부서)이 연구자와 벤처기업을 하청업체로 보는 편협한 시각도 변해야 한다.

이런 상황에서 나는 최근 오토파지 관련 벤처기업 '오토파지고(Auto-PhagyGO)'를 설립했다. 세포 재생을 주관하는 오토파지의 연구 성과를 통해 건강과 장수에 널리 공헌하는 것이 오토파지고의 미션이다. 사업 콘셉트는 세포 케어다.

우리가 병에 걸리는 것은 세포가 이상해지기 때문이다. 그런데 이제까지는 세포를 케어한다는 발상이 없었다. 세포에 초점을 맞춘 약이나 건강기능식품, 화장품에서 감사 방법에 이르기까지 오토파지에 관련된 것을 다룰 예정이다.

회사를 만들다니 젊은 시절의 나는 상상할 수도 없는 일이었다. 특허도 취득하지 않고 오로지 연구에 몰두했던 내가 창업을 한 이유는 다음과 같다.

먼저 앞서 말한, '기초연구는 일본이 앞장서고 있는데 실익은 외국이 챙기는' 상황을 개선하고 싶었다. 실은 내가 먼저 이 생각을 한 것은 아니다. 국가행정기관 출신으로 일본의 상황을 바꾸고 싶다는 포부를 지닌 대학 지재부 교수를 비롯해 많은 벤처를 육성해 일본 국내외의 비즈니스 상황에 정통한 전 대규모 IT 기업의 사장 등의 성원에 힘입어 행동할 수 있었다.

또 오스미 교수가 시작한 '도움이 될지 아닌지 알 수 없는' 연구에서 도움이 되는 것이 태어난다는 사실을 세계에 알리고 싶다는 야심도 있다. 여러 번 말했듯이 '사회에 도움이 되는 연구'는 도움이 될지 안 될지 모르는 연구나 우연에 의해 태어났다. 그러나 아직 일반인은 이에 대한 이해가 부족하다. 정부조차 '선택과 집중' 정책을 펼쳐 도움이 될 만한 연구에만 자금을 지원하는 경향을 버리지 못하고 있다. 그것은 사실 역효과인데 말이다. 그래서 도움이 될지 안 될지 모르는 오토파지 연구가 도움이 된다는 것을 실증하고 싶다.

또 하나의 이유로는 새로운 유형의 벤처기업을 만들고 싶었다. 기존의 일본 벤처기업은 뭔가 하나 발명을 하고 그것을 상품화하면 끝나는 패턴이 많다.

나는 연구 성과를 실용화해서 수익이 나면 그 돈으로 또 기초연구를 하고 그 연구에서 새로운 싹이 나면 그것을 다시 실용화하는 에코 시스템을 구축하고 싶다. 그런 순환형 시스템을 갖추어 풍부한 연구 성과를 돼지 목의 진주로 만들지 않고 실용적인 측면에서 미국이나 중국에 뒤처진 현실을 타파하고 싶은 것이다.

급속한 저출산으로 인해 일본의 대학은 모두 재정난에 시달리는 상황에 빠질 것이다. 또 국가 재정이 빠듯해지면 연구비를 삭감당할 수도 있다.

원래 일본의 연구비는 대부분 국가로부터 받는 지원금이다. 민간으로부터의 기부금도 상당한 재원이 되는 서양과는 대조적이다.

북유럽의 한 암연구소에 초빙되어 방문한 적이 있는데 시설이 무척 좋았다. 나는 아무 의심 없이 국립연구소일 거라고 짐작했다. 그런데 알고 봤더니 전액 기부로 운영되는 민간연구소였다. 또 나의 지인이 소장인 나폴리의 유명한 생명과학연구소도 기부로 운영된다. 그것도 일반인의 개인 기부가 많다고 한다.

하버드대학교를 비롯한 미국의 유명 사립대도 예산의 상당 부분을 기부금과 성과의 실용화에서 나온 수익으로 충당한다. 기독교 정신이 기부 문화를 조성한 것일까? 그런가 하면 중국은 빠른 경제성장을 목표로 국가가 거액의 연구비를 기초연구 분야에 쏟아붓고 있다.

이렇게 문화와 국가 시책이 다르면 연구비 조성 방식도 차이가 난다. 그러나 국가가 지원하는 돈에만 연구비를 의존하면 5년 주기로 바뀌는 방침과 정책에 휘둘리기 쉬운 면이 있다.

국가는 개혁을 하기 위해 방침을 변경하는 것이겠지만 그때마다 연구자는 우왕좌왕해야 한다. 따라서 가장 건전한 방식은 자신이 수익을 낸 돈으로 연구하는 것이다.

완전히는 불가능하겠지만 조금씩 그런 방향으로 이행해야 하지 않을까? 그 시스템을 만드는 데 앞장서고 싶다.

연구는 팀 작업이다

예전에는 대개 혼자서 연구를 했다. 멘델도 수도원의 정원에서 혼자 부지런히 완두콩 씨앗을 뿌렸다. 그러나 연구 방법이 복잡해지고 고속화하여 규모가 커진 현대의 생명과학 연구분야는 팀 연구가 주류가 되었다. 또 전문화가 진행된 것도 있어서 공동연구가 거의 필수적이었다.

목가적 시대가 지나가고 어수선해졌다고 볼 수도 있겠지만 팀 연구와 공동연구에는 좋은 면도 많다. 잘 연계하면 덧셈 이상의 힘을 발휘할 수 있으며 여러 논쟁을 거듭해 혼자서는 생각하지 못한 아이디어가 나오기도 한다.

공동연구에서 다른 분야의 전문가들이 모이면 혼자서는 도저히 할 수 없는 연구가 가능하다. 나는 공동연구를 아주 중시해왔다. 그것도 국제적으로 하는 경우가 많아서 여러 나라에 나의 동료들이 있다.

그리고 지금에 이르기까지 수많은 팀 메이트의 도움을 받아왔다. 처음에는 오스미 연구실에서 포유류의 오토파지 연구를 시작하며 홀로 고군분투했다. 그걸 보다 못한 오스미 교수가 자신의 실험을 도와주던 연구자를 내 밑에 붙여주었다. 난생처음으로 나의 연구팀이 생긴 순간이었다.

그 연구원의 이름은 가베야 사치코(壁谷幸子)다. 원래는 내가 지시한 실험을 하는 보조적인 위치지만 그녀는 달랐다. 실력은 말할 것도 없고 남보다 두 배는 열정적인 자세로 스스로 생각하면서 실험을 했다. 단순한 워커홀릭이 아닌 자신이 하는 일에 매력을 느끼고 열정을 불사르는 사람이었다. 가베야 씨는 성격도 밝아서 나를 심리적으로도 북돋워주었다. 그녀의 맹활약으로 우리 팀의 첫 성과인 LC3를 발견하기에 이르렀다. 이 책에서 말했듯이 그 발견은 오토파지 연구 분야에 말할 수 없이 크게 기여했다. 오늘날의 내가 있는 것도 가베야 연구원 덕분이다.

LC3의 연구를 하는 동안 가베야 씨는 단순한 팀 메이트가 아닌 희로애락을 함께한 '동지'가 되었다. 내가 독립한 뒤에도 LC3 논문의 피인용수가 상위에 오르거나 어떤 상을 받으면 자기 일처럼 축하해주었다. 그런 그녀가 2020년, 50대의 젊은 나이에 갑자기 세상을 떠났다. 내게는 뼈에 사무치는 아픔이다. 그 쾌활한 웃음소리를 들을 수 없다는 것, 앞으로도 계속 발전하는 오토파지 분야를 지켜보지 못한다는 것이 분하고 안타깝다. 그러므로 이 책은 가베야 씨에게 바치고 싶다.

후기

이것으로 생명과학 강의를 마친다. 이 책을 읽고 여러분은 무엇을 느꼈을까? 여러분의 생각보다 생명의 원칙은 단순하지 않은가?

내가 책을 쓰기로 한 것은 동일본대지진으로 인한 원자력 발전소 사고와 2020년의 코로나 대유행 등 과학이 얽힌 여러 사태를 겪으면서 이런 생각이 들었기 때문이다.

"과학적으로 생각하는 법과 약간의 과학적 지식이 있으면 보통 사람들도 막연히 두려워하지 않고 올바른 판단을 할 수 있지 않을까?"

또 과학자와 보통 사람들 사이에는 사고하는 방식에 거리가 있다. 과학자가 당연하게 여기는 것이 보통 사람들에게는 전혀 당연한 일이 아닌 경우도 있다.

그것은 우리 연구자들에게도 잘못이 있다. 연구자 자신이 어떻게 생각하고 지금 어떤 연구를 하고 있으며 그로 인해 무엇을 알게 되었는지에 관해 지나치게 말을 아껴왔다.

나도 젊었을 때는 그런 활동을 거의 하지 않고 오로지 연구만 했다. 그러나 지금은 과학의 힘이 급속도로 커지면서 과학을 잘 모르면 어떤 일에 능동적으로 대처하기 힘든 시대가 되고 있다.

코로나19 팬데믹이 발생하자 인터넷이나 언론매체에 수많은 정보가 넘쳐났다. 그러나 정보의 바다에서 어떤 정보를 취사선택하고 최종적으로 판단하는 것은 결국 개인의 몫이다. 그러려면 이성적이고 논리적이며 스스로 사고하는 능력이 있어야 한다. 즉, 과학적 사고가 필요하다.

또 과학기술은 예전보다 훨씬 빠르게 진보하고 있으며 우리 사회에 광범위하게 침투하고 있다. 예를 들어 우리는 유전체 편집기술로 인간 유전자에 쉽게 개입할 수 있다. 이 기술은 인간 문명에 중대한 영향력을 미칠 것이다.

다시 말해 과학자가 아닌 보통 사람들의 삶이 새로운 과학기술에 직접적으로 영향을 받는다는 말이다. 그런 상황에서는 개개인이 스스로 생각할 수 있어야 한다. 자기 분야밖에 모르는 전문가에게 전부 맡겨서는 안 된다.

우리 사회가 기술 혁신과 감염증, 자연재해 등에 직면할 때마다 개개인이 이성적이고 과학적으로 생각할 수 있다면 어떤 일이 일어날까? 공포와 불안을 가라앉히고 차별과 증오, 편견, 패닉 상태를 극복하여 갈등과 전쟁도 회피할 수 있지 않을까? 이

것이 내가 책을 쓴 이유이다.

나의 은사인 오스미 교수는 과학은 문화라고 강조했다. 나도 그렇게 믿는다. 과학은 인간이라는 종의 가장 큰 특징인 지적 호기심을 원동력으로 하는 문화다.

나는 과학은 바르셀로나에 있는 사그라다 파밀리아 성당과 같다고 생각한다. 크고 아름다운 교회인데 100년 이상 수많은 사람들의 손으로 조금씩 짓고 있으며 아직도 완공하지 않았다.

과학도 인류가 수백 년간 차근차근 발견이라는 벽돌을 하나씩 쌓으면서 만들어온 눈에 보이지 않는 커다란 사원이다. 이 사원은 과학자만의 것이 아니라 인류 공통의 자산이다. 그러나 예술이나 스포츠와 달리 과학은 보통 사람에게 가시적인 감동을 안겨주기 어려운 분야다. 그래서 과학자는 그 내용과 감동을 적극적으로 전달해야 한다.

팬데믹과 같이 인류가 맞닥뜨리는 다양한 고난을 생각하면 연구자는 즉각적으로 도움이 되는 연구를 해야 한다고 생각할 수도 있다. 그러나 과학은 체계다. 그 토대는 단시간에 도움이 되지 않는 무수히 많은 발견과 지식으로 성립된다. 그 속에 있는 어떤 한 가지가 인류에 공헌하는 발견과 발명이 되는 것이다.

또한 아무짝에도 쓸모없어 보이는 연구가 세기의 발견이라고 불릴 정도로 사회에 크게 공헌한 예는 수도 없이 많다. 특히 생명은 위대하고 복잡하다. 생명을 이해하고 응용하는 지름길

은 존재하지 않는다. 꾸준히 연구만이 대증요법이 아니라 근본
적으로 병을 치료하는 방법을 도출할 수 있다.

과학 연구는 가설과 검증의 반복이라고 본문에서도 말했는
데, 그것은 누군가가 제시한 가설을 또 다른 누군가가 검증하는
것이기도 하다.

과학은 이렇게 해서 발전해왔다. 내가 하는 오토파지 연구도
뒤를 잇는 다른 과학자가 더욱 발전시킬 것이다. 나는 장대한
지(知)의 사그라다 파밀리아 성당을 짓는 데 아주 조금 기여하
는 이 직업이 아주 만족스럽다.

마지막으로 대단히 사적인 이야기를 하겠다. 나는 2020년에
62세가 되었다. 환갑을 넘긴 나이에 벤처기업을 세웠다. 나잇값
도 못 하는 무모한 짓으로 보일 수도 있다.

그러나 리쓰메이칸아시아태평양대학의 데구치 하루아키(出
口治明) 학장이 말했듯이, 새로운 일을 시작하는 데 나이가 무슨
상관이 있을까. 나는 원래 전혀 운동을 하지 않다가 50세를 넘
어서 갑자기 달리기를 시작했다. 지금도 마라톤이나 자연 속을
달리는 트레일 러닝이 취미다. 벤처기업을 세운 것도 새로운 일
에 대한 도전 중 하나다. 나는 죽을 때까지 도전하기를 계속할
것이다. 악전고투하겠지만 새로운 일은 언제나 내 가슴을 뛰게
한다. 연구에서 새로운 발견을 하는 기쁨과 같다.

자, 이것으로 여러분은 생명과학의 기초와 생명과학의 미래,

나아가 연구와 돈의 관계에 대해서 알게 되었다.

칼럼에서 연구자의 논문 등 학계의 상황에 관해서도 다루었으니 흥미가 있으면 칼럼도 읽어주면 좋겠다.

이 책을 읽고 '생명과학이란 이런 것'임을 이해하고 과학적 사고라는 무기를 갖게 되어 인생의 난관에 부딪혔을 때 올바른 판단을 할 수 있다면 더할 나위 없이 기쁘겠다.

이 책을 집필하면서 나는 과학자가 일반인을 상대로 전문용어를 사용하지 않고 누구나 알 수 있도록 설명하는 것이 과학적 발견을 하는 것보다 훨씬 어려운 일임을 깨달았다. 우물 안 개구리처럼 전문분야에만 묻혀 지내다 보니 사실 보통 사람들이 무엇을 알고 있고 무엇을 모르는지도 알지 못하기 때문이다.

편집 담당인 나카노 아미(中野亞海) 씨와 취재와 구성을 담당한 구리모토 나오야(栗本直他) 씨의 끈기 있는 협조 덕분에 그 장벽을 뛰어넘을 수 있었다. 문과 출신인 두 사람은 일반인의 관점에서 내 설명에 대해 날카로운 질문을 던져주었다. 그 과정에서 당초 생각했던 오토파지뿐 아니라 과학적 생각과 생명과학의 기초부터 이야기해야겠다고 방향을 바꿀 수 있었다.

나카노 씨는 부드럽고 나긋나긋한 인상과 달리 다수의 베스트셀러를 만든 신랄한 편집자이다. 처음으로 일반인을 대상으로 한 책을 쓰는 나를 하나부터 열까지 챙겨주어 어떻게 감사의 마음을 표현해야 할지 모르겠다. 나도 애독하는 논픽션 작가인

구리모토 씨는 읽기 쉬운 구성을 알려주고 적확한 취재를 해주었다. 또 오랜 지인이자 준텐도대학교수인 우에노 다카시(上野隆) 선생이 과학적인 내용을 확인해주었다. 바쁜 와중에 정말 고마운 일이다.

칼럼에도 썼듯이 연구는 혼자서 할 수 없다. 특히 타고난 재능이 없다는 걸 잘 아는 내가 여기까지 올 수 있었던 것은 많은 선배와 동료, 스태프, 학생, 공동연구자들 덕분이다. 또 나를 지지해준 가족 덕분이다.

모든 이에게 깊이 감사한다. 그리고 안타깝게도 젊은 나이에 세상을 뜬 나의 연구 동지 가베야 사치코 씨에게 이 책을 바친다.

— 요시모리 다모쓰

참고문헌

―『과학자에게 이의를 제기합니다(「科學的思考」のレッスン 學校では教えてくれないサイエンス)』, 도다야마 가즈히사, 플루토

―『Cracking the Aging Code』, Mitteldorf, Josh, Sagan, Dorion 공저, FlatironBooks

―「Molecular Biology of the Cell, 6/E : GE」, Bruce Alberts 외, Taylor & Francis

―『노화의 종말 : 하버드 의대 수명 혁명 프로젝트』, 데이비드 A. 싱클레어, 부키

바이오 사이언스

ⓒ 요시모리 다모쓰, 2021

초판 1쇄 발행일 2021년 5월 27일
초판 2쇄 발행일 2024년 3월 28일

지은이   요시모리 다모쓰
옮긴이   오시연
펴낸이   강병철

펴낸곳   이지북
출판등록   1997년 11월 15일 제105-09-06199호
주소   (04047) 서울시 마포구 양화로6길 49
전화   편집부 (02)324-2347, 경영지원부 (02)325-6047
팩스   편집부 (02)324-2348, 경영지원부 (02)2648-1311
이메일   ezbook@jamobook.com

ISBN 978-89-5707-901-0 (03470)